河合真弓呵护篇

一周就能钩好的舒服宝宝装（0~24个月）

每一针都倾注着爱意

（日）河合真弓　著
盛　莉　译

作者的话

肉乎乎的小脸蛋，淡淡的奶香。婴儿的这种感染力让人想想都不禁笑出声来。第一次为宝宝编织衣物的妈妈们能一直坚持下去，一定也是源于这种感染力吧。

本书所用的都是亲肤材料，非常适合婴幼儿。一定要为你最疼爱的宝宝亲手编织这世界上独一无二的礼物哦！

河南科学技术出版社
·郑州·

图书在版编目（CIP）数据

河合真弓呵护篇：一周就能钩好的舒服宝宝装：0~24个月/（日）河合真弓著；盛莉译. —郑州：河南科学技术出版社，2014.10
ISBN 978-7-5349-7158-7

Ⅰ.①河… Ⅱ.①河… ②盛… Ⅲ. ①童服－毛衣－钩针－编织－图集 Ⅳ. ① TS941.763.1-64

中国版本图书馆 CIP 数据核字（2014）第 138568 号

出版发行：河南科学技术出版社
地址：郑州市经五路66号　　邮编：450002
电话：（0371）65737028　65788613
网址：www.hnstp.cn
策划编辑：李　洁
责任编辑：孟凡晓
责任校对：耿宝文
责任印制：张艳芳
印　　刷：北京盛通印刷股份有限公司
经　　销：全国新华书店
幅面尺寸：210 mm × 257 mm　　印张：4　　字数：100千字
版　　次：2014年10月第1版　　2014年10月第1次印刷
定　　价：29.80元

如发现印、装质量问题，影响阅读，请与出版社联系并调换。

目 录

要点详解

№1 №2 作品／p.8，p.9

单桂花针的编织方法

※1针下针与1针上针交叉编织而成的针目就是“单桂花针”。看着织片正面编织时，按照符号图编织；看着反面编织时，看到下针符号要编织上针，而看到上针符号时则要编织下针。

第2行（看着正面编织）

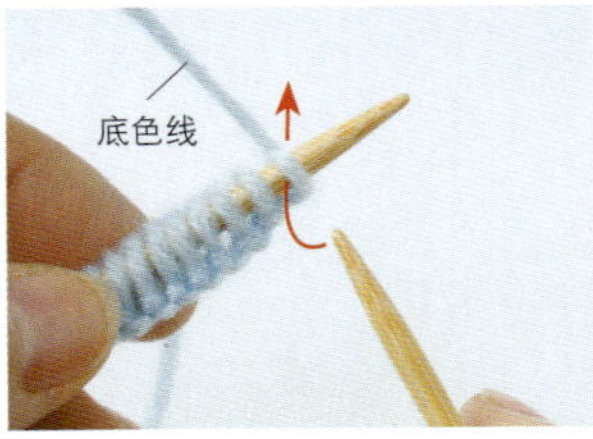

1 起针（请参见p.62）后，按照箭头所示方向在第1针入针。

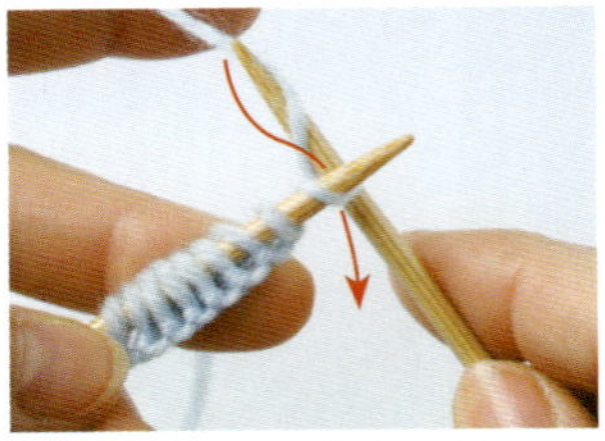

2 在针上挂线，按照箭头所示引出线。右下图为下针完成的状态。

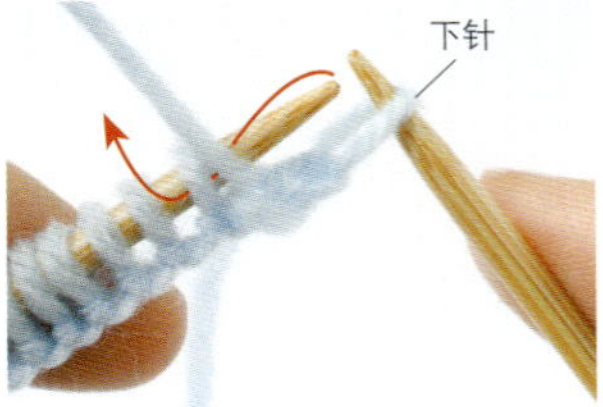

3 第2针要将线置于针的内侧，再按照箭头所示入针。

4 将线从内侧挂于外侧，按照箭头所示引出线，编织上针。

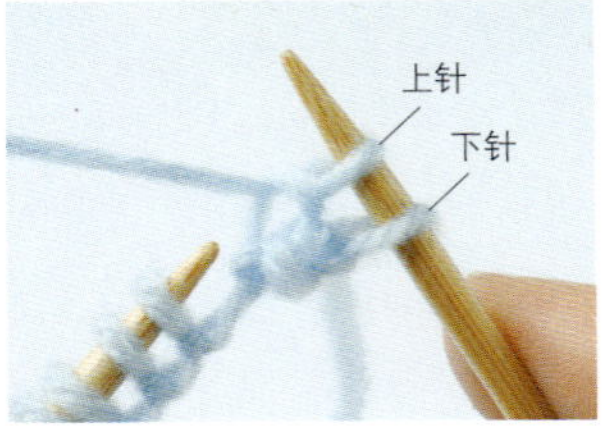

5 图为织完1针下针和1针上针的状态。

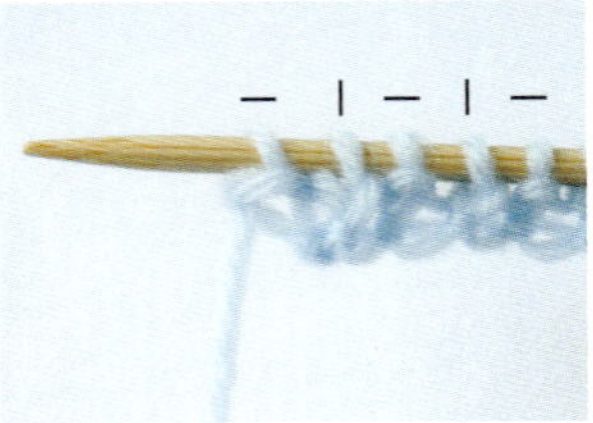

6 参见符号图，重复步骤1~5（编织终点一侧）。

第3行（看着反面编织）

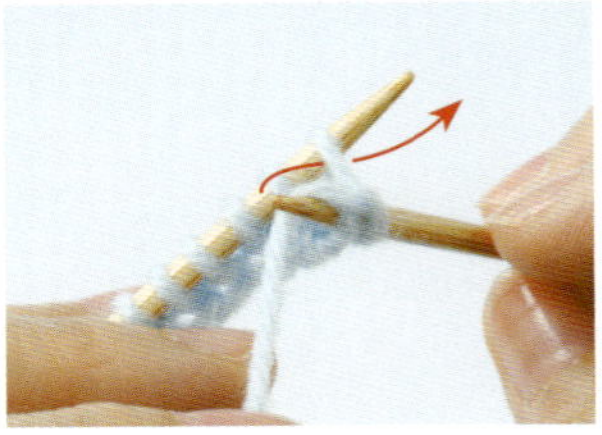

1 翻到反面，第1针编织上针。

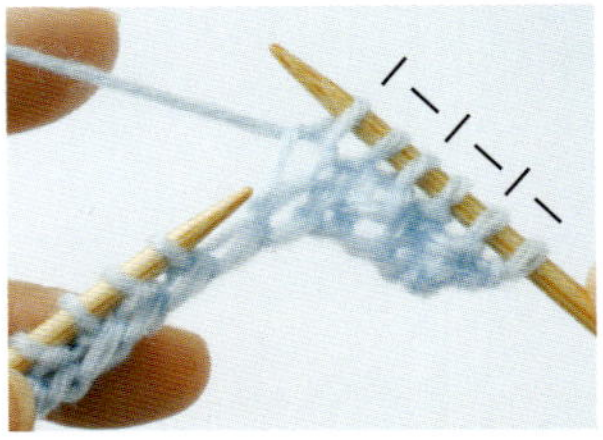

2 从第2针起，重复编织下针和上针。图为织完6针的状态。

配色线的更换方法

※下摆进行7行单桂花针编织，用底色线编织到第6行，从第7行开始更换成配色线再编织。

单桂花针编织第7行

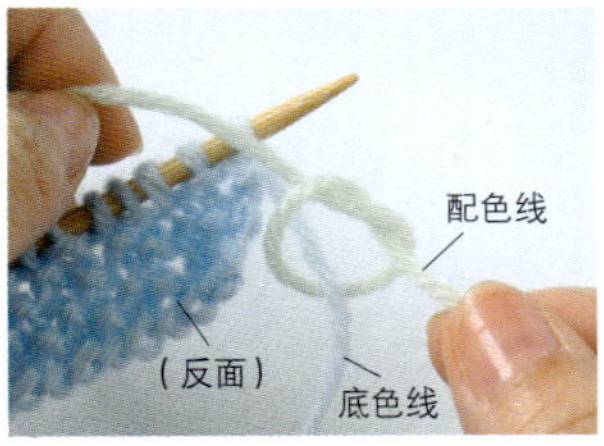

1 织完第6行以后，将配色线系在底色线上，注意不能太松。

2 参见符号图，按照上针、下针的顺序继续编织。

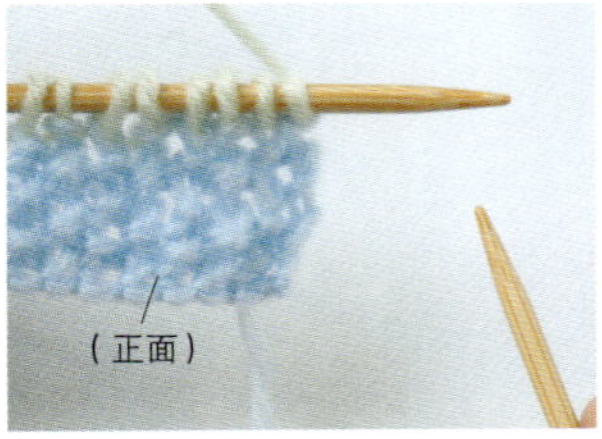

3 图为第7行织完后翻转到正面的状态。

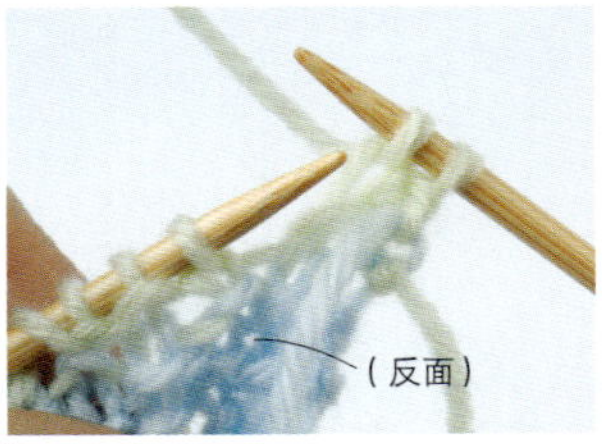

2 图为上针、下针编织完成的状态。

3 之后的4、6……每2行即偶数行开始编织时，重复步骤1系上渡线的操作。图为织完7行的状态。

花样编织第8行

从第8行开始，每2行要将配色线系在底色线上，进行6行单桂花针编织。

配色线的渡线方法

※从花样编织的第1行开始，身片两端的各4针进行单桂花针编织，其他部分为镂空的花样编织，按照符号图编织。

花样编织第2行

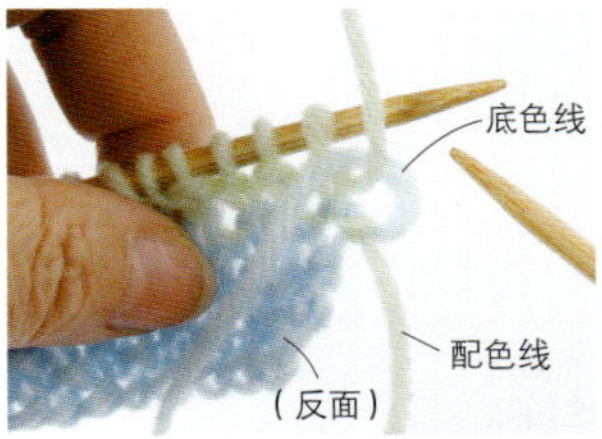

1 图为织完第1行的状态。将织到第6行的底色线系在配色线上，按照符号图用配色线从上针开始编织。

花样编织第15行

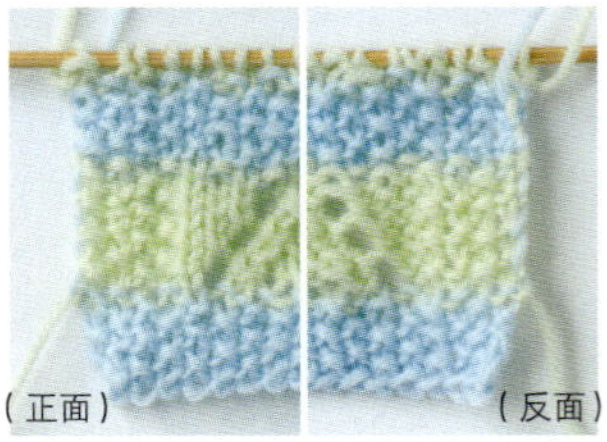

织完15行后的正面和反面。
渡线每2行要系一次，因此不明显。
如图以相同要领继续编织。

肩部的缝合方法（引拔针订缝）

※将前、后身片正面相对，两肩以引拔针订缝。

1 用后身片肩部编织完成时所留的线来连接。右前身片与后身片肩部的针目正面相对，按照箭头所示将钩针穿过边缘的2个针目。

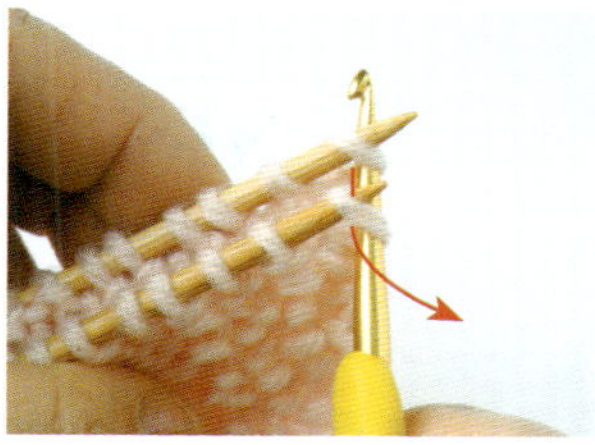

2 将步骤1中穿过的2针中后侧的针目，按照箭头所示方向从前侧的针目引出。

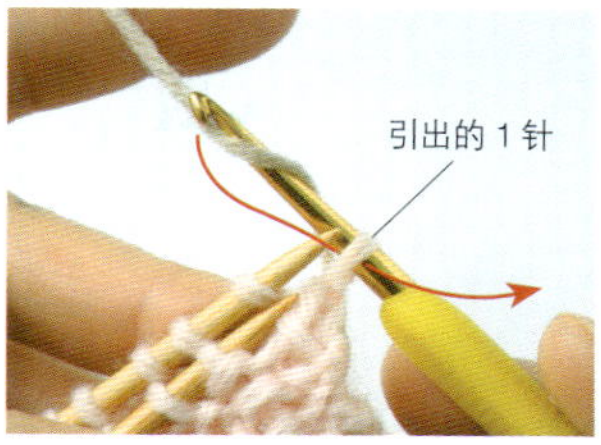

3 将引出的后侧的针目脱离棒针，在钩针上挂线后引拔出。

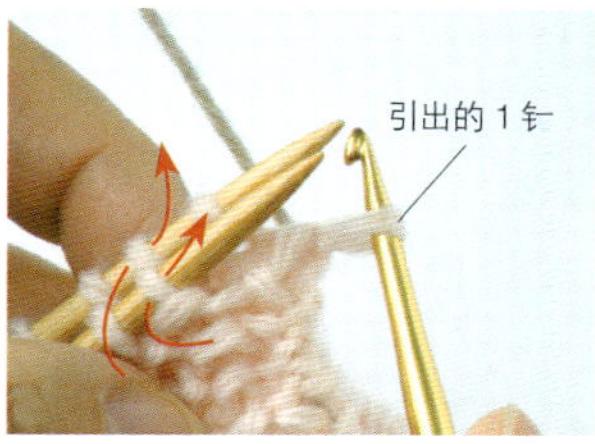

4 下一针按照步骤1的方法入针。

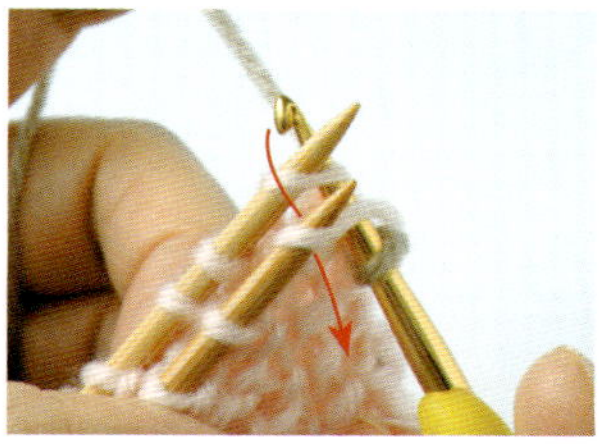

5 将后侧的针目按照箭头所示方向从前侧的针目引出，再脱离棒针。

6 挂线后一次性引拔出。

7 重复步骤5和步骤6，将所有针目引拔出。

8 图为右肩以引拔针订缝完成的状态。左肩也同样缝合后，将领子后中心处（△标记处）反面朝上对齐，以相同方法订缝。

后领口与领子的缝合方法（针目与行的连接）

※来回平针编织的领子先要将后中心处以引拔针订缝，再用针目与行的连接方式接在领口上。

1 后身片的领口与领子正面朝上进行连接，用缝衣针挑起后身片领口的2针，再将针穿入领子的2行，以免出现小洞。

2 接下来同步骤1，挑起后身片的领口与领子进行订缝连接。

3 领子的行数比领口的针数要多，因此在连接时要注意调节挑的行数。

4 图为针目与行缝合好的状态。图上所示是为了清楚地呈现线的走向，实际操作时要将线拉紧以免露出针迹。

包芯线的编织方法

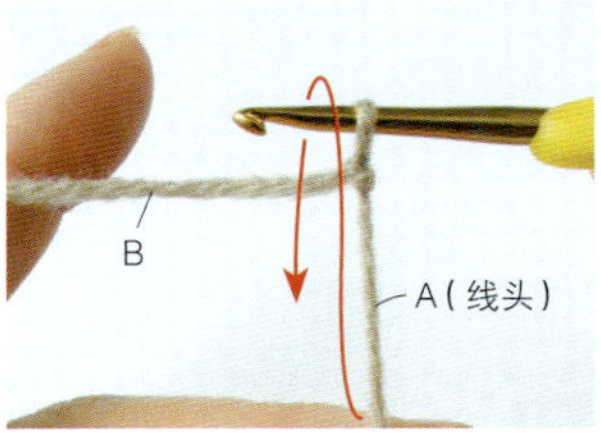

1 线头（A）需留成品3倍左右的长度，起基本针（请参见p.59）后，将A线按照箭头所示方向挂在针上。

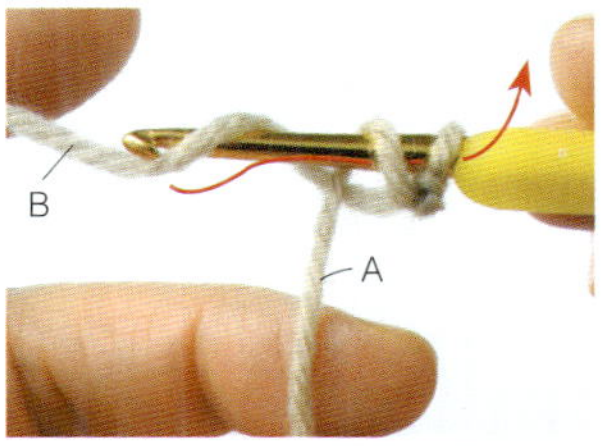

2 在针上挂B线，按照箭头所示方向引拔出。右下图为引拔后的样子。

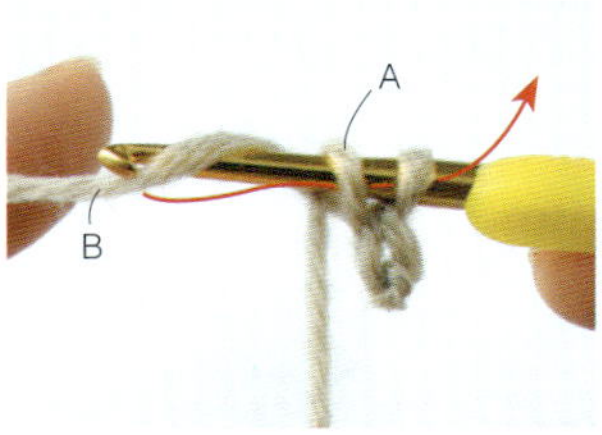

3 同步骤1挂上A线，同步骤2在针上挂B线后引拔出。

4 重复步骤3，编织指定的长度。织完后A线不要挂在针上，仅挂B线后再引出。

№3 №4 作品 / p.12, p.16

肩部的缝合方法（锁针连接）

※有时要根据织片的厚度、花纹等，将引拔针（⬬）换成短针（×），同样缝合时也会有这种情况发生。
另外锁针连接是一种运用范围很广的连接方式，连接的位置也包括肩部、肋、袖下、接袖子等。
※针目与针目、针目与行的连接本书称为“锁针订缝”，行与行的连接则称为“锁针接缝”。

1 将前、后身片的肩部正面相对，在边缘的针目同时入针，挂线后引出。

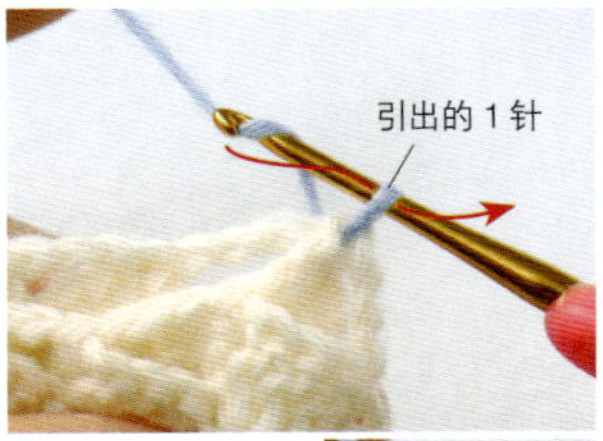

2 在针上挂线后编织引拔针。右下图为织完1针引拔针的状态。

3 织完3针锁针后，同步骤1将针穿入短针针目。

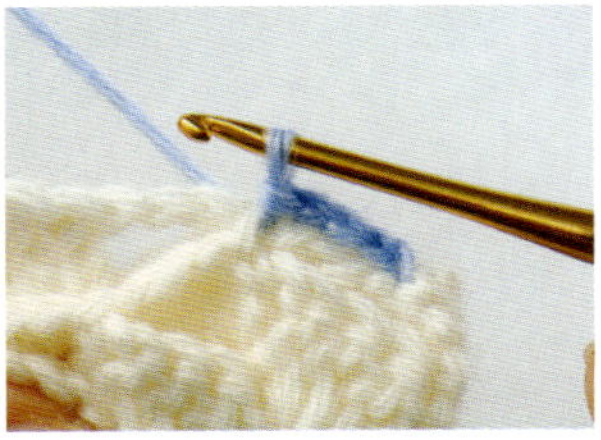

4 同步骤2编织引拔针。图为织完1针引拔针、3针锁针、1针引拔针的状态。

5 肩部订缝好的状态。

6 正面的样子。

№24 №25 作品 / p.40

编织成环形的方法（使用4根棒针时）

1 以一般的起针方法（请参见p.62）起针编织108针，三等分在3根棒针上。接下来每行都要往下继续编织，所以可以在最开始的位置（★）做好线的标记。

2 接第1针（★）继续编织双罗纹针（下针2针、上针2针→ 4针1个花样）。

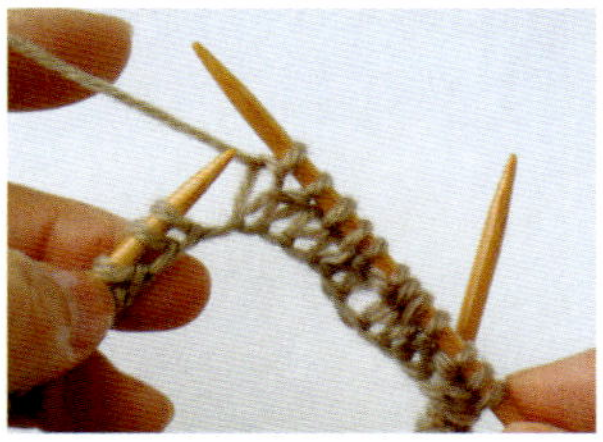

3 编织完3个花样的状态。

4 织完7行双罗纹针的状态（从下一行开始要翻转织片，将反面当作正面编织）。要确认织片开始编织的起针处是反面在外，如右下图所示。

5 从下一行开始进行花样编织，按照符号图编织。

6 图为完成2行花样编织的状态。

绒球的制作方法

1 在一块宽为绒球直径大小的硬纸板上，将2股线缠绕指定的圈数。

2 将硬纸板抽出，将绕好的线圈中间系紧。线头留出用于缝制。

3 将绕好的线球两端的线圈剪开。

4 将表面修剪平整，整理成球形。

№26 作品 / p.41

流苏的制作方法

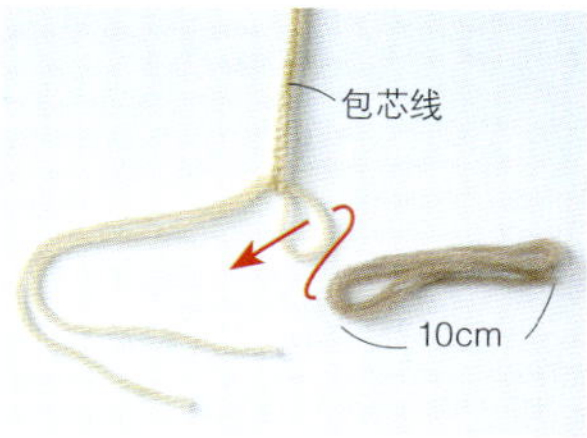

1 将长60cm的线折成6根10cm的短线，将单独编织好的包芯线最后一个针目撑大，再将折好的线穿入针目。

2 拉动包芯线的线头，拉紧针目。

3 再次用包芯线的线头系紧折线。

4 用系好的1根线头在下方0.8cm处绕几圈，再系紧。

5 线头穿入缝衣针，再穿入步骤4缠好的线中。

6 再次系紧。

7 为了更美观，可以如图所示将线头藏进去，稍做整理。

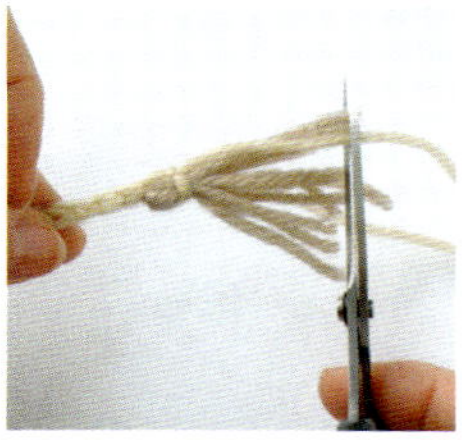

8 将线前端剪齐。

9 流苏制作完成。

№30 №31 作品 / p.48, p.49

胁的缝合方法（挑针缝连接）

※将正面拼接在一起的2片织片1针内侧的横线（第1针与第2针之间的横线）逐行交叉挑针缝合。

单罗纹针编织部分

1 将1针内侧的横线左右逐行挑起。

2 重复步骤1，按照相同方法挑针。

上下针编织部分

1 单罗纹针编织部分缝合完毕后（图上所示是为了清楚呈现线的走向，实际操作时都要拉紧），接下来再缝合上下针编织部分。

2 上下针编织部分与单罗纹针编织部分缝合要领相同，将1针内侧的横线挑起。

3 完成挑针缝。单罗纹针编织部分与上下针编织部分都需要将边缘缝合的针目隐藏起来，才会显得整齐美观。

单罗纹针编织的伏针收针

※用棒针所编织的单罗纹针，接着继续以棒针收针的方法。要注意拉线的长度。

下针部分

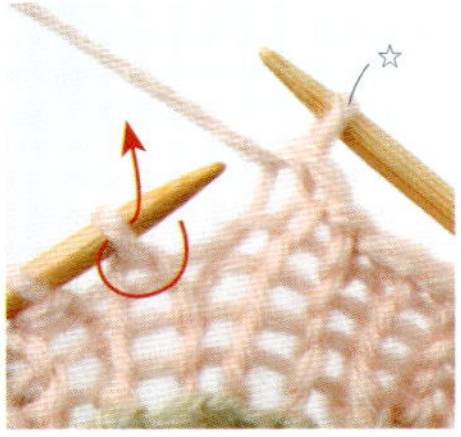

1 下针部分依然编织下针。

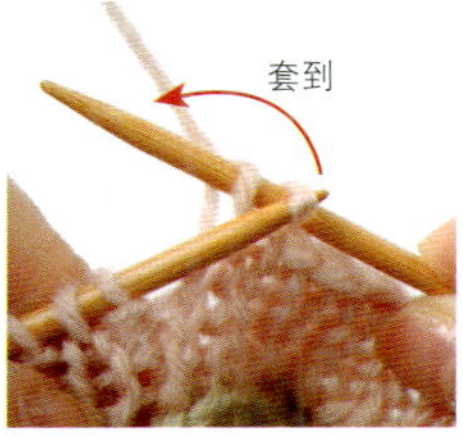

2 织完1针下针后，将右侧相邻的针目（☆）套到刚织好的下针上。

上针部分

1 上针部分依然编织上针。

2 织完1针上针后，将右侧相邻的针目（☆）套到刚织好的上针上。

完成伏针收针。要完成得整齐美观，拉线时要注意长度统一。

条纹马甲

这是一款非常适合为宝宝调节体温的和尚服马甲。

男宝宝穿这种绿色与蓝色相间的条纹马甲会显得格外清爽哦。

编织方法 / p.10

要点详解 / p.4

HELLO! PRETTY ANGEL

№ 1

0~12
个月

粉色马甲

改变前襟的方向和系带的位置就马上变身为女宝宝穿的马甲啦。

松软柔和的毛线温柔地包裹着宝宝，是不是很有爱的一款马甲啊?

编织方法 / p.10

要点详解 / p.4

№2

0~12
个月

● **1 的材料**

可爱宝贝 14（绿色）、6（蓝色）…各 44g

● **2 的材料**

可爱宝贝 4（粉色）…85g

● **针**

棒针 6 号

钩针 7/0 号

● **密度**

10cm×10cm 单桂花针编织、花样编织 18 针 × 33.5 行

● **完成尺寸**

胸围 60cm，衣长 30cm，肩背宽 22cm

● **编织方法**

1 接前、后身片，编织肋长部分

以一般的起针方法起针编织 134 针，按照符号图进行单桂花针编织与花样编织织肋长。

2 编织左、右前身片和后身片

如图所示接肋长继续在单桂花针编织与花样编织的交界处减针分成 3 片进行编织。

3 连接肩部、后领口

以引拔针订缝连接肩部（请参见 p.5）。领子在后中心处以引拔针订缝后，将后领口与领子的合印处（☆、★）进行针目与行的连接（请参见 p.5）。

4 编织系带

用钩针编织 4 根包芯线（请参见 p.5）作为系带，在 2 根系带端头接上装饰织片。

5 整理完成

在指定位置缝上系带。

系带

包芯线 钩针7/0号

1（男宝宝）＝蓝色 }
2（女宝宝）＝粉色 } 编织4根

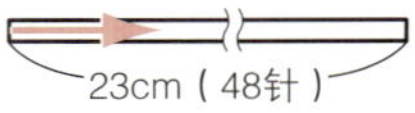

A＝无装饰（2根）
B＝有装饰（2根）

※包芯线的编织方法请参见 p.5。

系带的装饰织片 各2片

钩针7/0号

1 男宝宝 蓝色

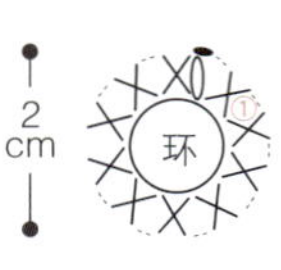

2 女宝宝 粉色

[右上2针并1针符号] ＝上针的右上 2 针并 1 针 }
[左上2针并1针符号] ＝上针的左上 2 针并 1 针 } 请参见p.31

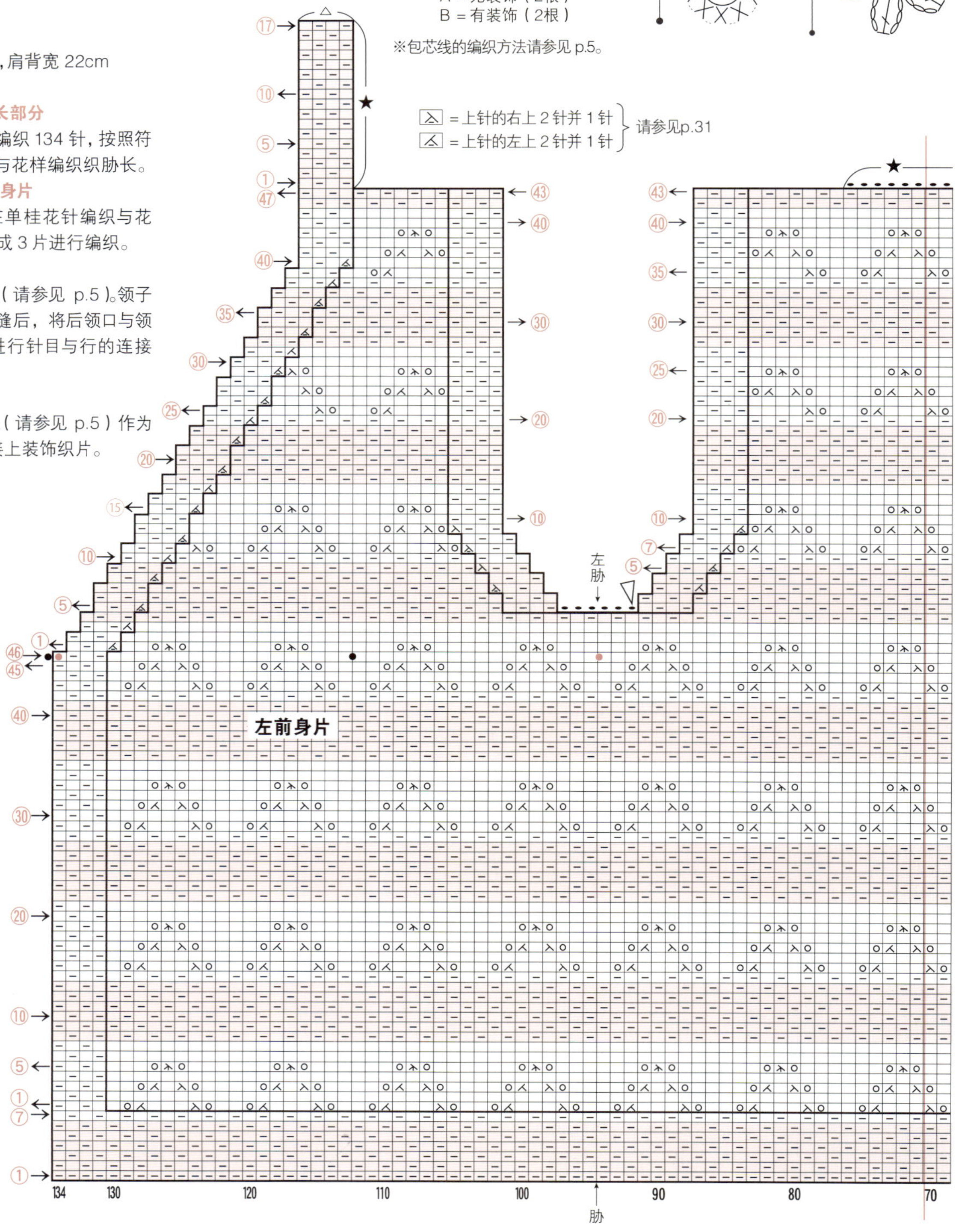

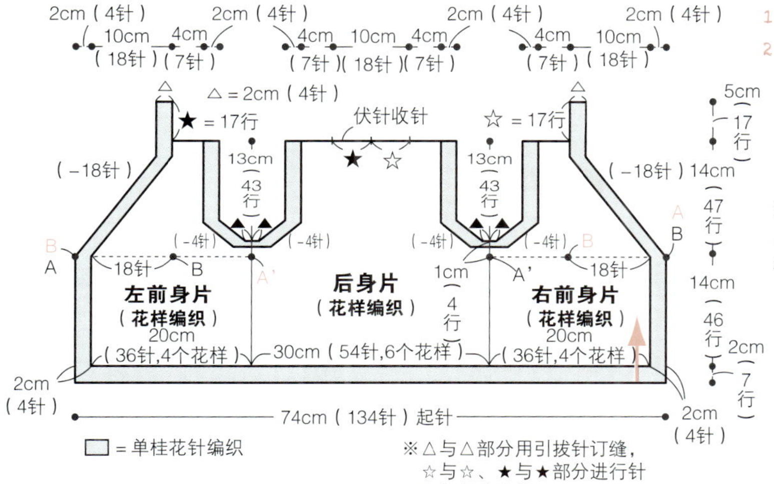

1（男宝宝）= 绿色 × 蓝色 } 编织
2（女宝宝）= 粉色

▲ = 3针伏针收针

缝系带的位置
A、B = 男宝宝
A、B = 女宝宝
（A'、A' 缝在内侧）

□ = 单桂花针编织

※△与△部分用引拔针订缝，☆与☆、★与★部分进行行针目与行的连接。

整理方法

1 男宝宝

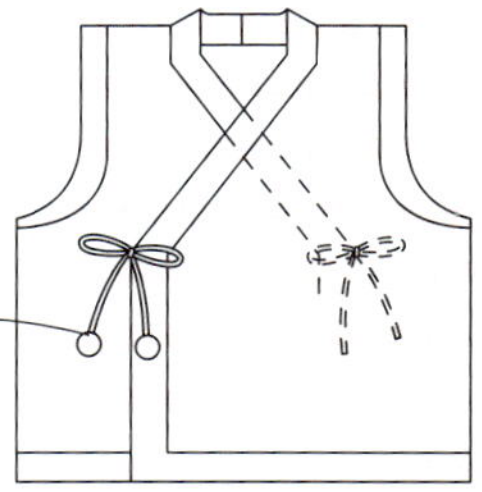

2 女宝宝

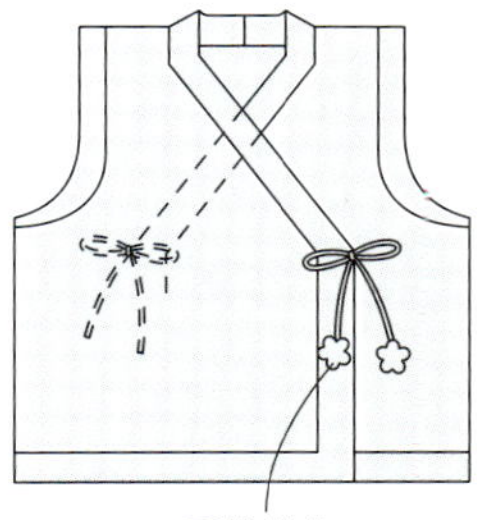

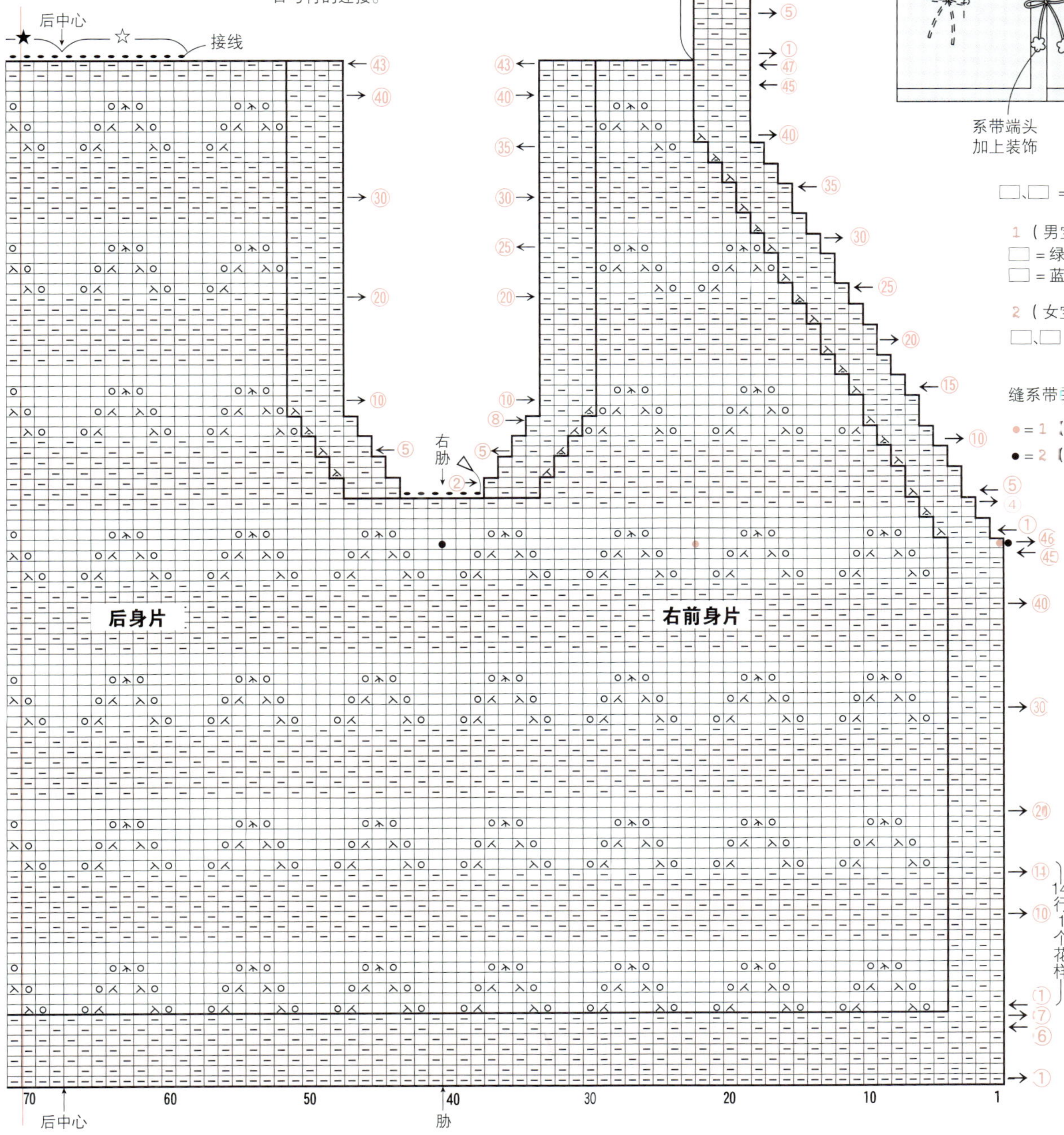

□、□ = 丨 下针

1（男宝宝）
□ = 绿色
□ = 蓝色

2（女宝宝）
□、□ = 粉色

缝系带的位置
● = 1（男宝宝）
● = 2（女宝宝）

翻领庆典小礼服

这款本白色的小礼服在特别的纪念日里穿是再合适不过的啦。
小翻领给予宝宝的脖子温柔的呵护，
菠萝花样的下摆为这款可爱的小礼服增添了一份华丽之美。

编织方法 / p.14
要点详解 / p.6

№3

0~12
个月

与小礼服配套的系带花边帽和系带宝宝鞋。
搭配在一起穿，华丽指数倍增哦！
配成三件套送给朋友，他们一定会很开心的！

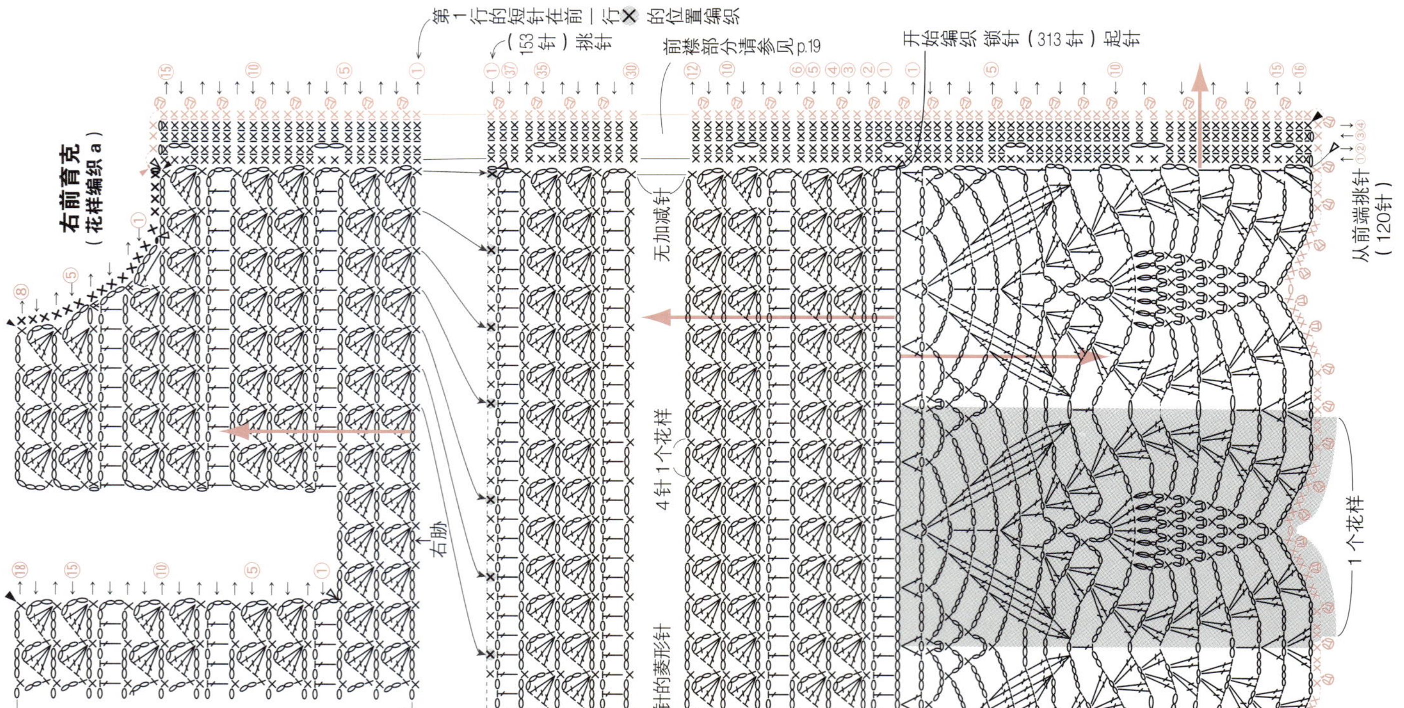

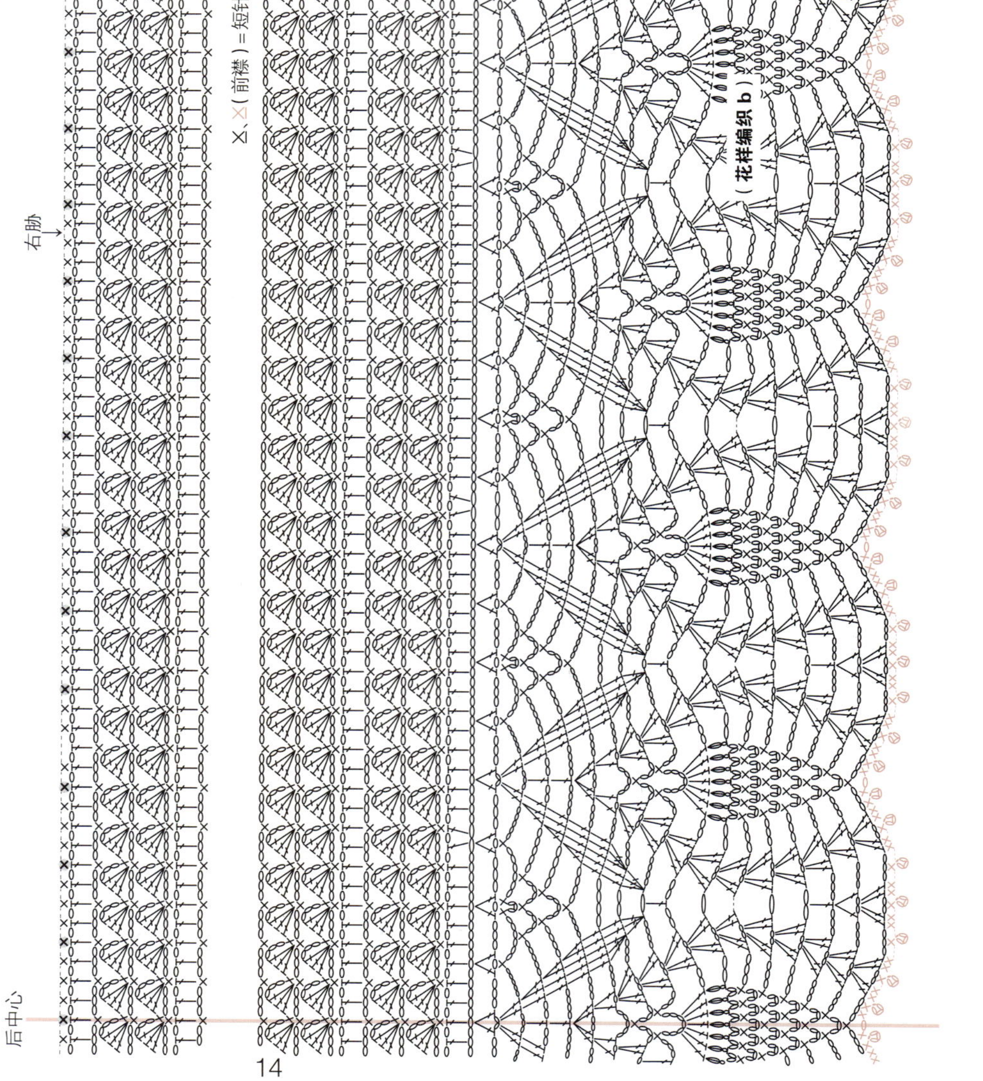

● 3 的材料

丘比特 6（本白色）…290g

直径 1cm 的珍珠纽扣…10 颗

● 4 的材料

丘比特 2（粉色）…290g，1（白色）…10g

直径 1.5cm 的花形纽扣…10 颗

● 针 钩针 3/0 号

● 密度

10cm×10cm 花样编织 a 29 针 ×15.5 行

花样编织 b 1 个花样 24 针 =8.5cm×10cm=10 行

● 完成尺寸

胸围 55cm，衣长 55.5cm，肩背宽 22.5cm，袖长 24cm

● 编织方法

1 编织前、后身片

起针编织 313 针锁针，进行 16 行花样编织 b。起针反方向一侧挑针 321 针，编织 37 行花样编织 a 后断线。然后在花样编织 a 的最后一行接线，减针编织 153 针短针，再继续编织前、后身片。

2 编织前、后育克

无加减针编织 5 行前、后身片，从下一行开始将左、右前身片和后身片分开进行编织。在右前身片接线编织 1 行领口的花边。肩部以锁针订缝连接（请参见 p.6）。

3 编织前襟

在前身片分别编织 4 行前襟。在右前身片留出 10 个扣眼的位置。然后在左前身片的★标记处接线，接左前襟、下摆、右前襟继续编织 1 行花边。3 用本白色线，4 用白色线编织。

※编织方法（4~6）请参见 p.18。

※身片的制图，袖子、领子的编织方法、缝合方法、整理方法请参见 p.18、p.19。

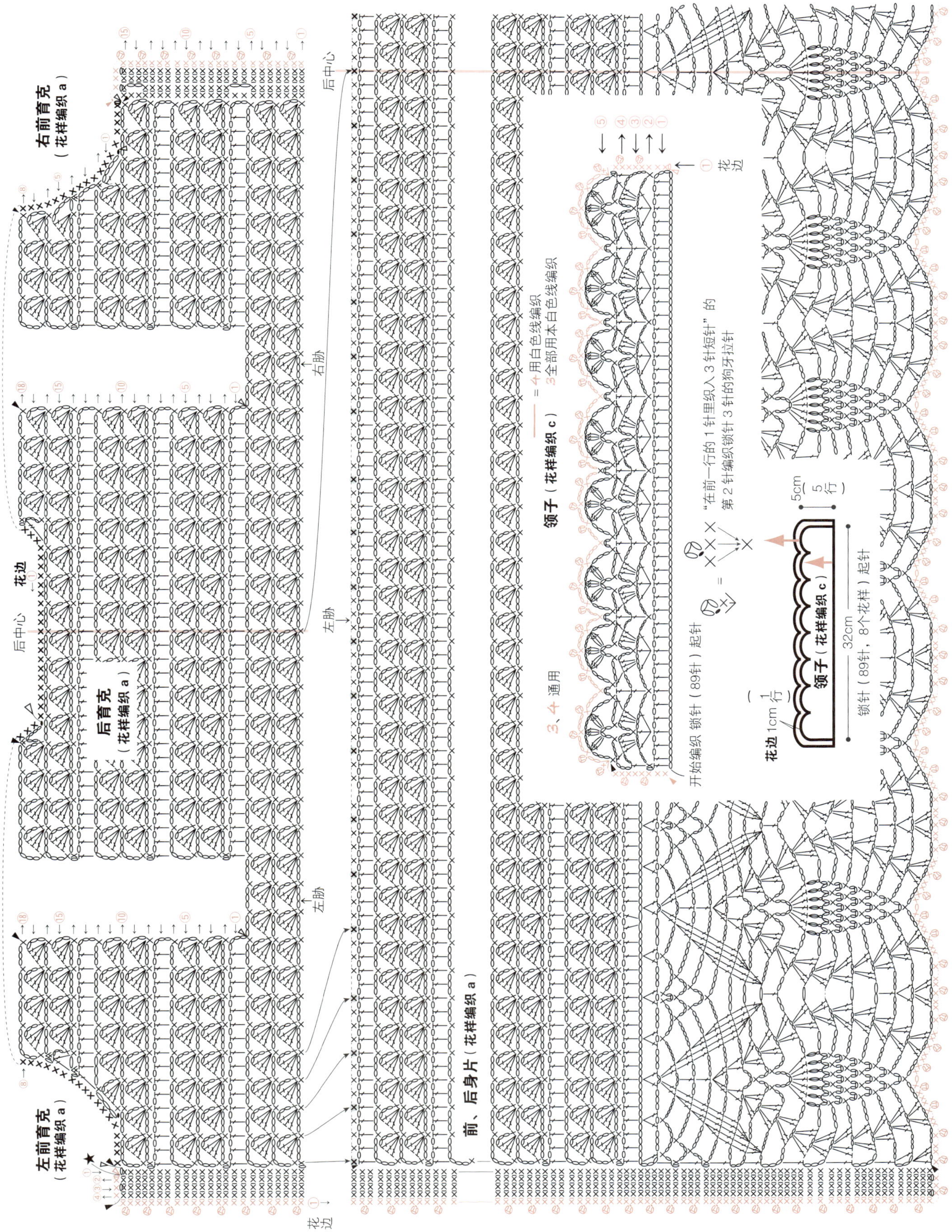

粉色宝宝小礼服

这是一款配以白色花边的可爱粉嫩小礼服。
穿上它，一定能让宝宝萌翻全场。

编织方法 / p.14
要点详解 / p.6

№ 4

0~12
个月

粉色系带花边帽

配套的系带花边帽，系带端头还吊着可爱的花片，

与 p.16 的小礼服和 p.24 的宝宝鞋配成三件套多可爱啊！

编织方法 / p.22

№ 5

0~12
个月

● **编织方法接 p.14**

4 编织领子

以花样编织 c 编织领子，缝在领口处。

5 编织袖子，接入身片

用往返针编织袖子的花样编织 a。将袖下用锁针接缝成筒状，再编织袖口的花样编织 c'和花边。4 的最后一行（花边）用白色线编织。将身片与袖子正面相对叠合，用锁针订缝接入袖窿。

6 整理完成

编织穿入袖口的系带，再穿入开始编织时的第 1 行。将两端打结后系成蝴蝶结。再在左前襟缝上纽扣，稍做整理即可。

3、4 通用

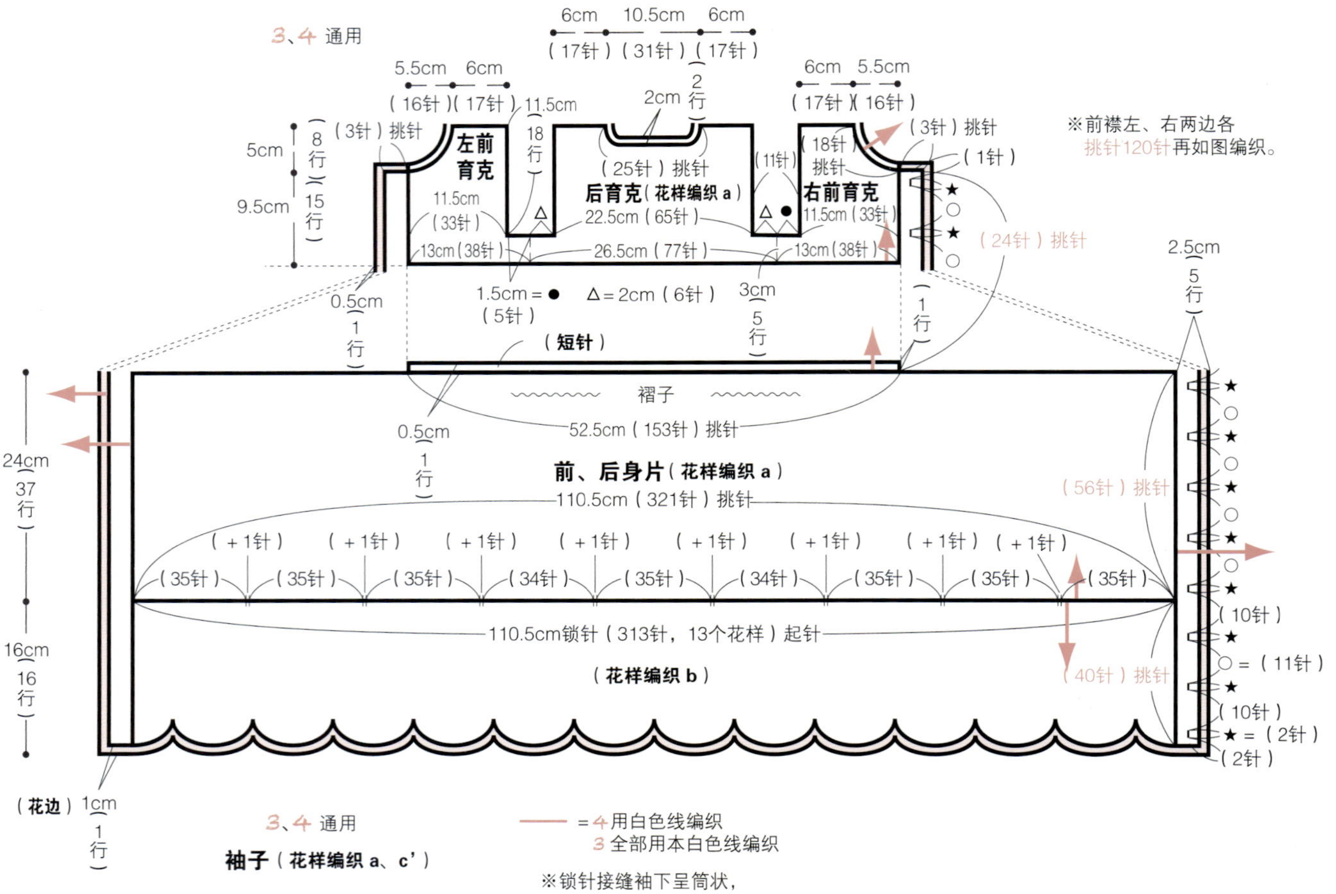

3、4 通用

袖子（花样编织 a、c'）

—— = 4 用白色线编织
3 全部用本白色线编织

※锁针接缝袖下呈筒状，再编织袖口。

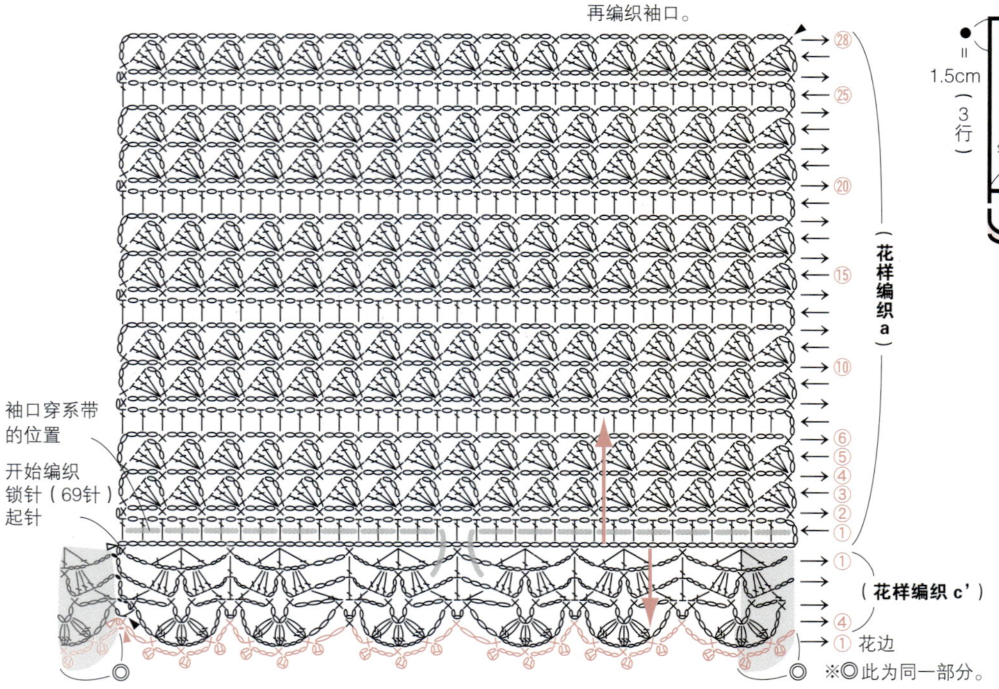

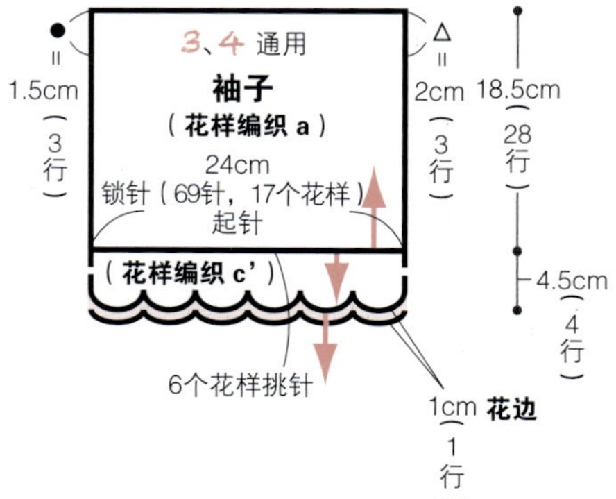

3、4 通用

袖口的系带 2 根

3…本白色
4…粉色

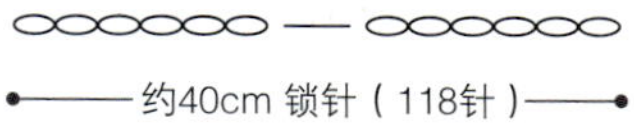

※穿入袖口，两端打结。

领子的缝接

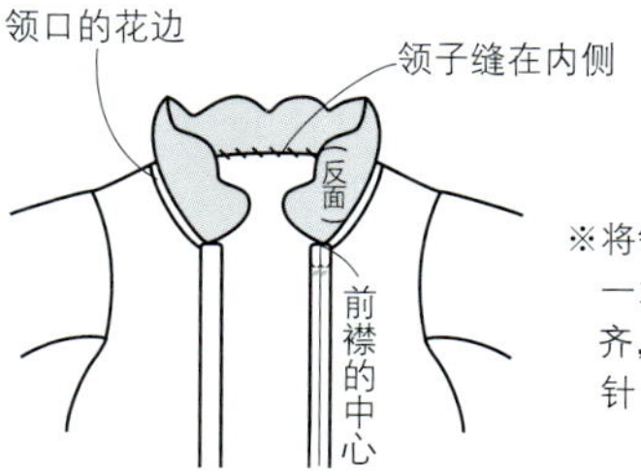

※将领子置于身片内侧，一端与前襟的中心对齐，缝在领口花边（短针）的底部。

袖子的接法

①将袖子锁针接缝成筒状。

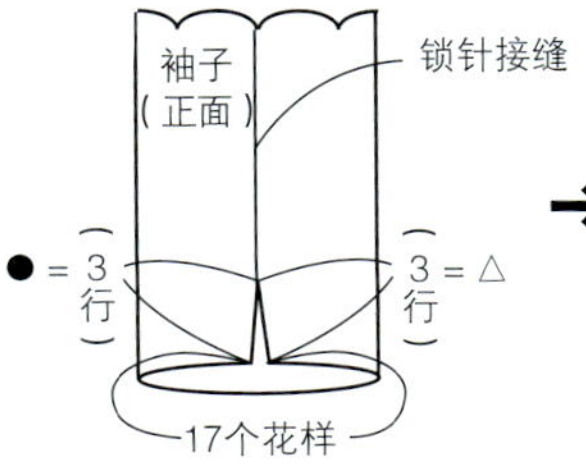

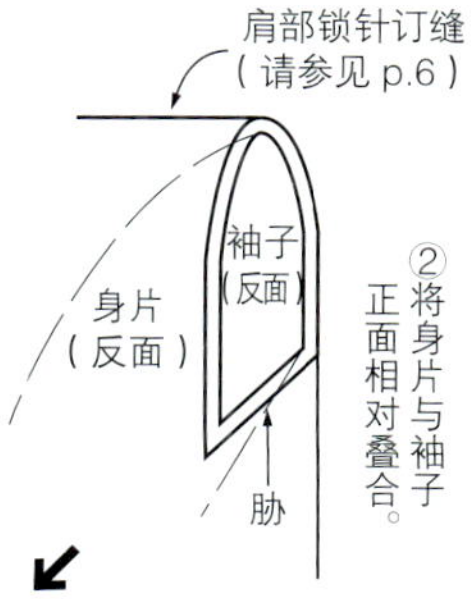

③将身片的袖窿与袖子的相同标记叠合，用锁针订缝的方法接上袖子。

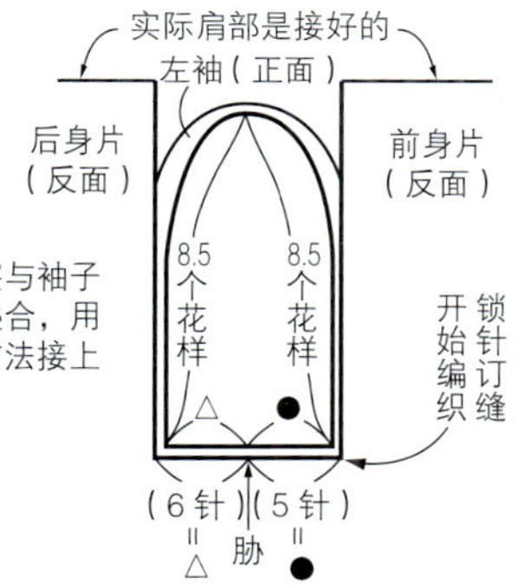

整理方法

3

4

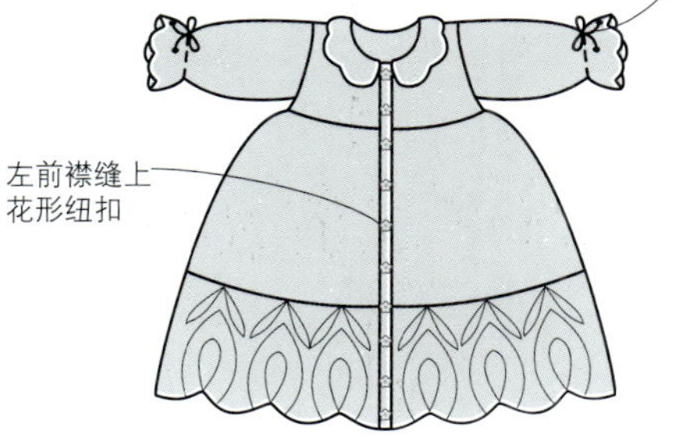

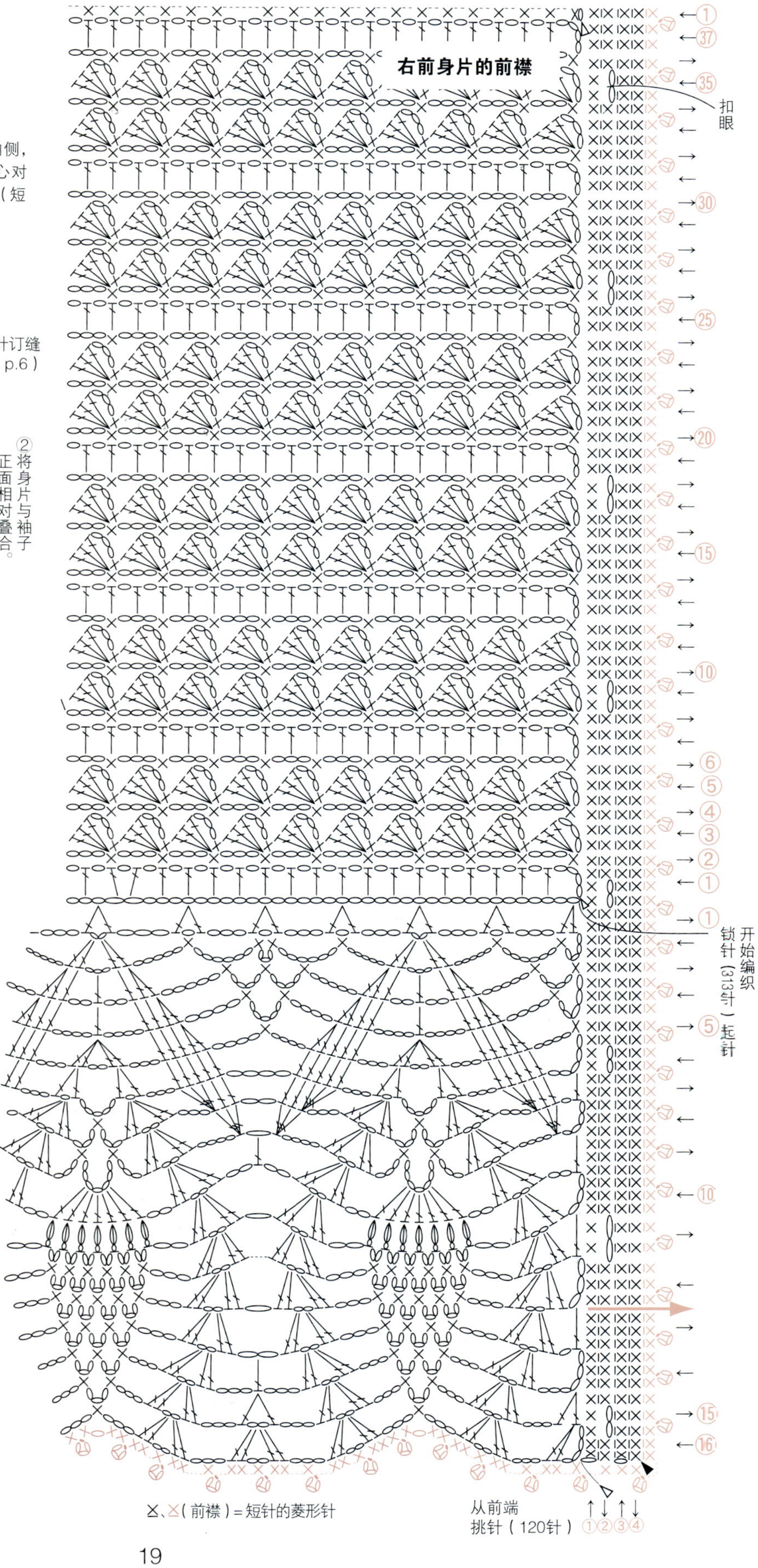

⊠、⊠（前襟）＝短针的菱形针

从前端挑针（120针）

本白色系带花边帽 & 连指手套

宝宝的贴身用品所用材料也必须十分讲究。
帽子上配一朵不同色系的钩线小花是不是更加可爱啦?

编织方法 / **6**…p.22　**7**…p.23

柔和色系的系带花边帽 & 连指手套

使用了黄色和白色两种柔和的颜色搭配编织而成，
清爽而纯净。
系带端头和手套上装饰的小线球更为其增添了一份可爱。

编织方法 / 8…p.22　9…p.23

0~12
个月

№5 №6 №8 系带花边帽（0～12个月） 作品／5…p.17，6…p.20，8…p.21

● 5 的材料
丘比特 2（粉色）…30g，1（白色）…2g
● 6 的材料
丘比特 6（本白色）…31g
● 8 的材料
丘比特 8（黄色）…23g，1（白色）…10g
● 针 钩针 3/0 号
● 完成尺寸 参见图片

● 编织方法
※主体部分的编织方法 5、6、8 通用，请参见配色表换线编织。系带装饰 5 编织花片，6 编织叶子，8 编织线球。

1 编织主体部分

起针编织 29 针锁针，接后头部、侧面如图进行花样编织。颈部编织 1 行系带穿入孔，接着在面部四周编织 1 行花边。

2 整理完成

系带编织包芯线（请参见 p.5），在系带一端接上装饰物后穿入系带穿入孔内，再在剩下的另一端接上装饰物，稍做整理即可。

5、6、8 的配色表

作品	后头部	侧面	系带穿入孔	花边	系带
5	粉色	粉色	粉色	白色	粉色
6	本白色	本白色	本白色	本白色	本白色
8	黄色、白色		黄色	黄色	黄色

5、6、8 通用
系带花边帽

※以下配色适用于作品8（5、6的配色请参见右表）。
※5用粉色线、6用本白色线编织。

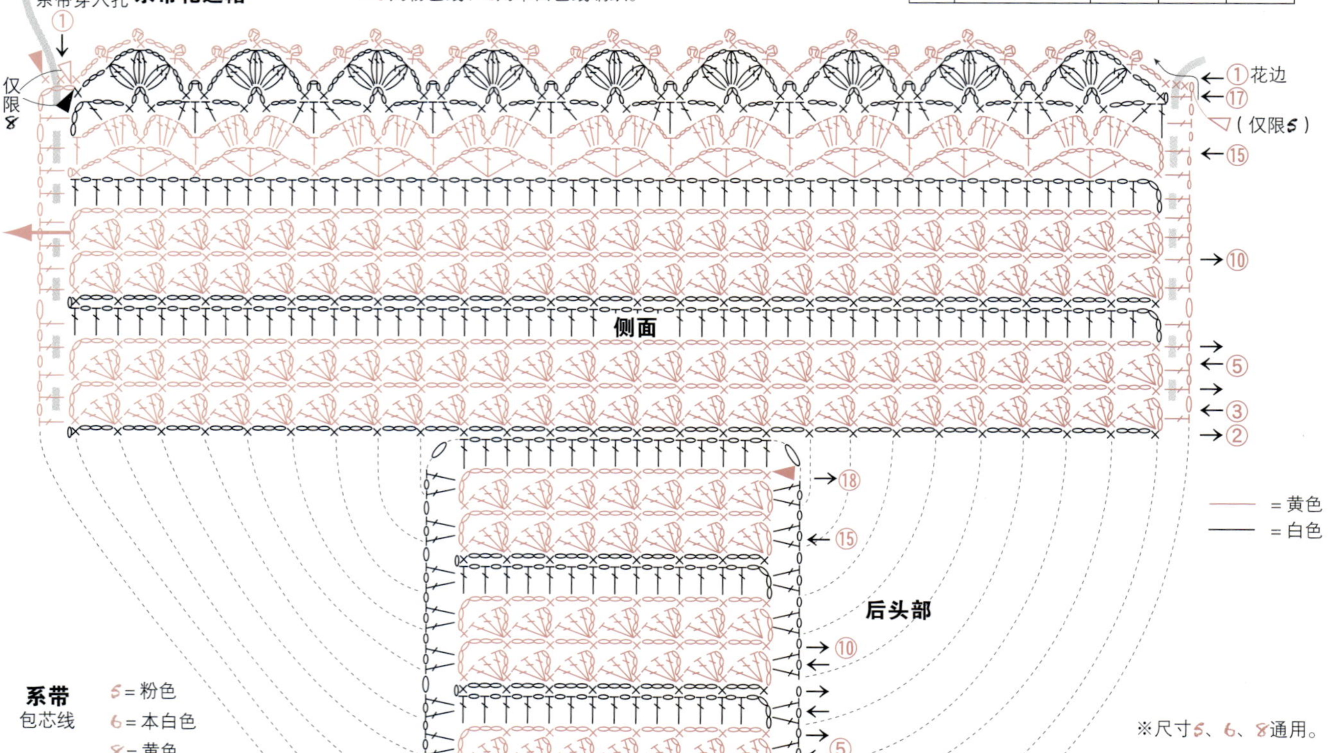

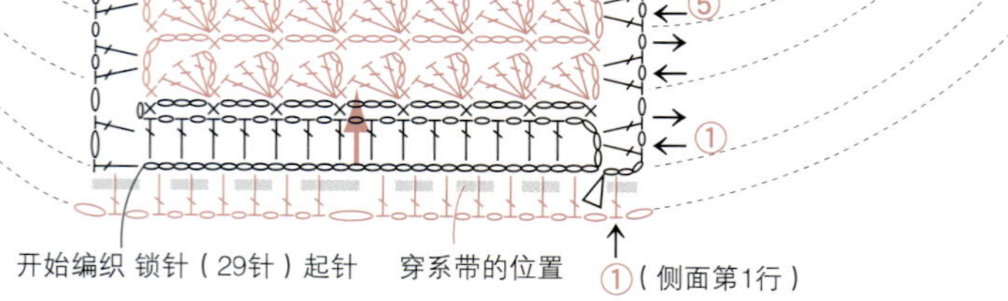

系带
包芯线
5 = 粉色
6 = 本白色
8 = 黄色

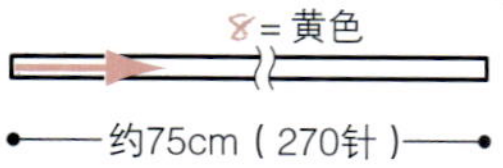

※包芯线的编织方法请参见 p.5。

※尺寸5、6、8通用。

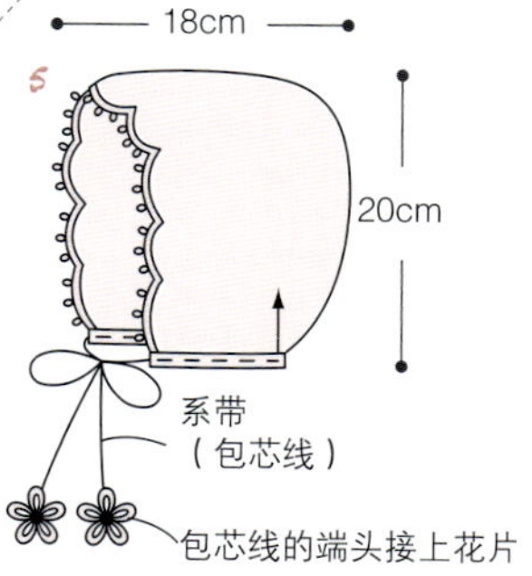

5 花片 2片

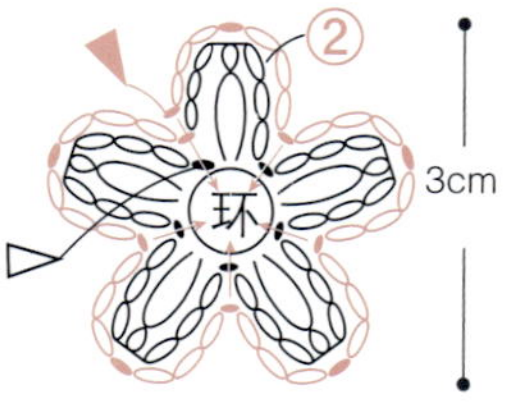

6 叶子 2片 本白色

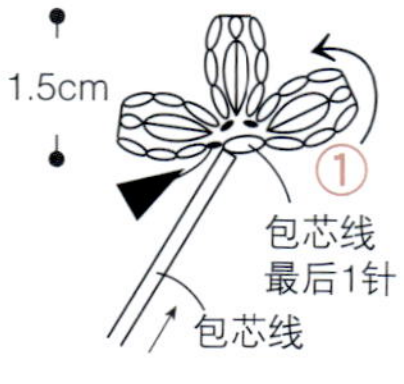

※接包芯线继续编织。
※另一侧的叶子需将包芯线穿入系带穿入孔后再接线编织。

8 线球 黄色 2个

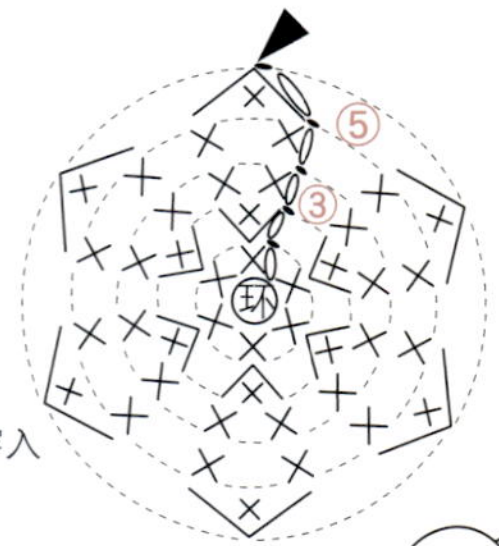

中间塞入同色线，在最后一行的6针内穿过线头再拉紧

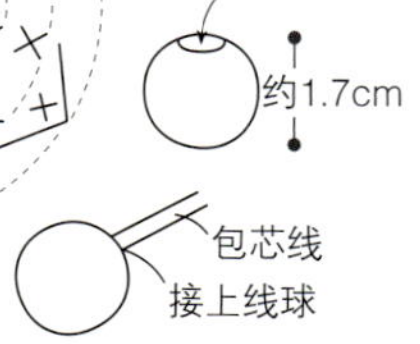

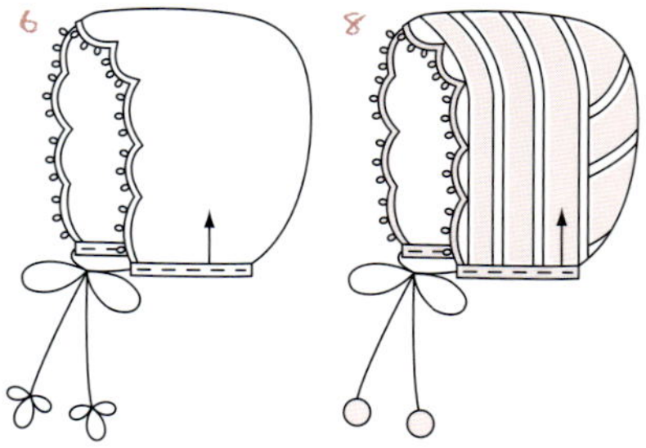

№7 №9 连指手套（0~12个月） 作品／7…p.20，9…p.21

● **7的材料**
丘比特 6（本白色）…21g
皮筋（本白色）…20cm 2根
● **9的材料**
丘比特 1（白色）…12g，8（黄色）…12g
皮筋（淡黄色）…20cm 2根
● **针** 钩针 3/0号
● **完成尺寸** 参见图片

● **编织方法**

1 编织主体部分
主体部分环形起针后织入10针长针。从第2行开始要在前一行的长针和长针之间织入2针长针，中途加针织到11行。9按照下图配色编织。

2 编织花边
接主体部分继续编织5行花边。花边第1行要将环状的皮筋夹入其中进行编织。

3 整理完成
7要用锁针编织系带，穿入指定位置（参见系带的位置）后，在两端接装饰织片。9要编织4个线球后缝在表面。

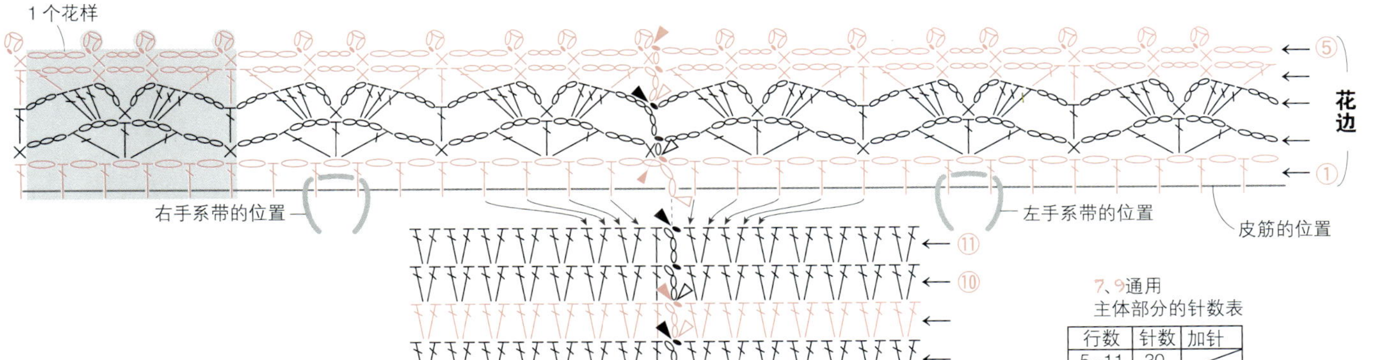
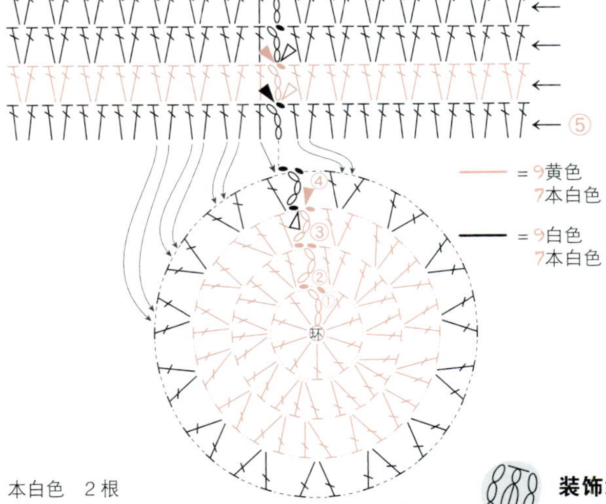

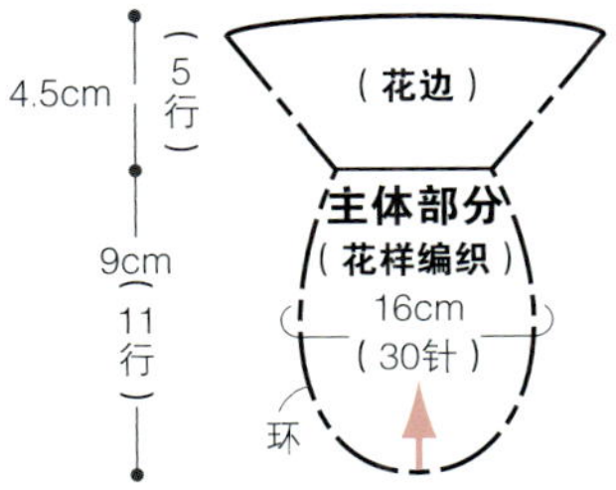

7、9通用
主体部分的针数表

行数	针数	加针
5~11	30	
4	30	
3	30	+5
2	25	+15
1	10	

9 线球 黄色 4个

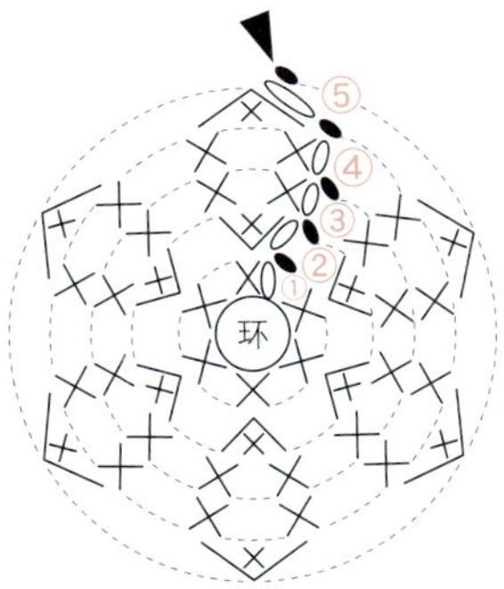

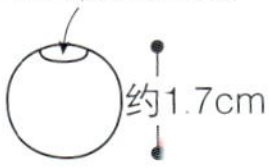

7 系带 本白色 2根

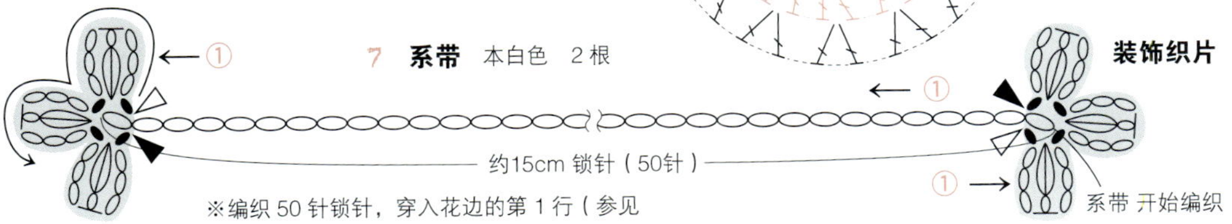

※编织50针锁针，穿入花边的第1行（参见系带的位置）后，再在两端接装饰织片。

整理方法

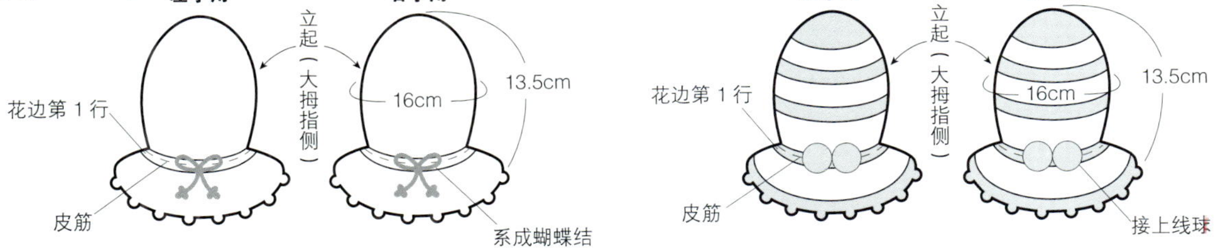

宝宝鞋

糖果般小巧可爱的宝宝鞋，可以配上华丽的花边，
也可以织成简约的船形，用自己喜欢的颜色的线为宝宝编织一双吧。

编织方法 / p.26

№ 10

№ 11

№ 12

护腿

宝宝外出时最佳的防寒保暖用品，也是宝宝学爬时呵护他们膝盖的必备小物哦。
护腿采用具有伸缩性的罗纹针编织，可以很好地贴合宝宝的腿。

编织方法 / p.27

№10 №11 №12 宝宝鞋（0～12 个月） 作品 / p.24

● **10 的材料**
丘比特 8（黄色）…9g，1（白色）…7g
● **11 的材料**
丘比特 6（本白色）…22g
● **12 的材料**
丘比特 2（粉色）…21g，1（白色）…3g
● **针** 钩针 3/0 号
● **完成尺寸** 参见图片

● **编织方法**

1 编织主体部分

10…环形起针（请参见 p.59），从脚趾处如图所示进行 8 行花样编织，接着用往返针进行 10 行花样编织的条纹。接★处从鞋开口处开始挑针编织 1 行花边。♥标记处以卷针缝连接（请参见 p.64）。

11、12…11 用本白色线，12 用粉色线环形起针，花样编织同 10 编织 10 行至鞋开口处。开口处再编织 6 行花边，仅作品 12 需要在第 6 行换成白色线进行编织。♥标记处以卷针缝连接。

2 编织线球（仅限 10）

环形起针，如图所示编织 5 行短针。塞入同色线，在最后一行的 6 针内穿入线头再拉紧。

3 编织系带（限 11、12）

系带编织 110 针锁针。11、12 各编织 2 根。

4 编织装饰织片（仅限 11）

如图所示接在系带的端头。

5 编织花片（仅限 12）

环形起针，如图所示换线编织 2 行。

6 整理完成

10…将线球缝在主体部分进行装饰。

11…在主体部分的花边的第 2 行穿入系带，再在系带的另一端接上装饰织片。

12…在主体部分花边的第 2 行穿入系带，再在系带两端缝上花片。

10 线球
白色 2个

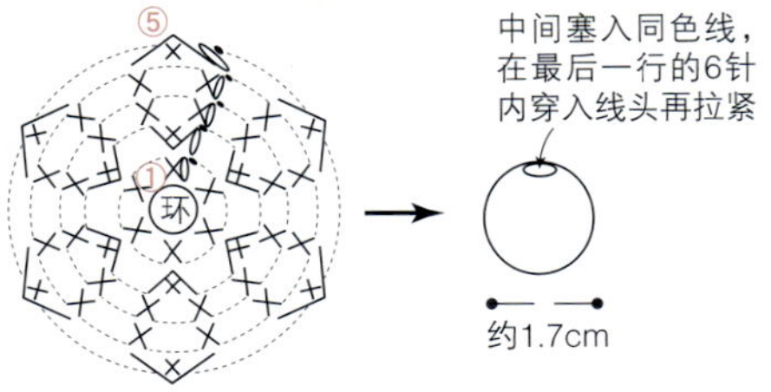

主体部分 10、11、12 通用

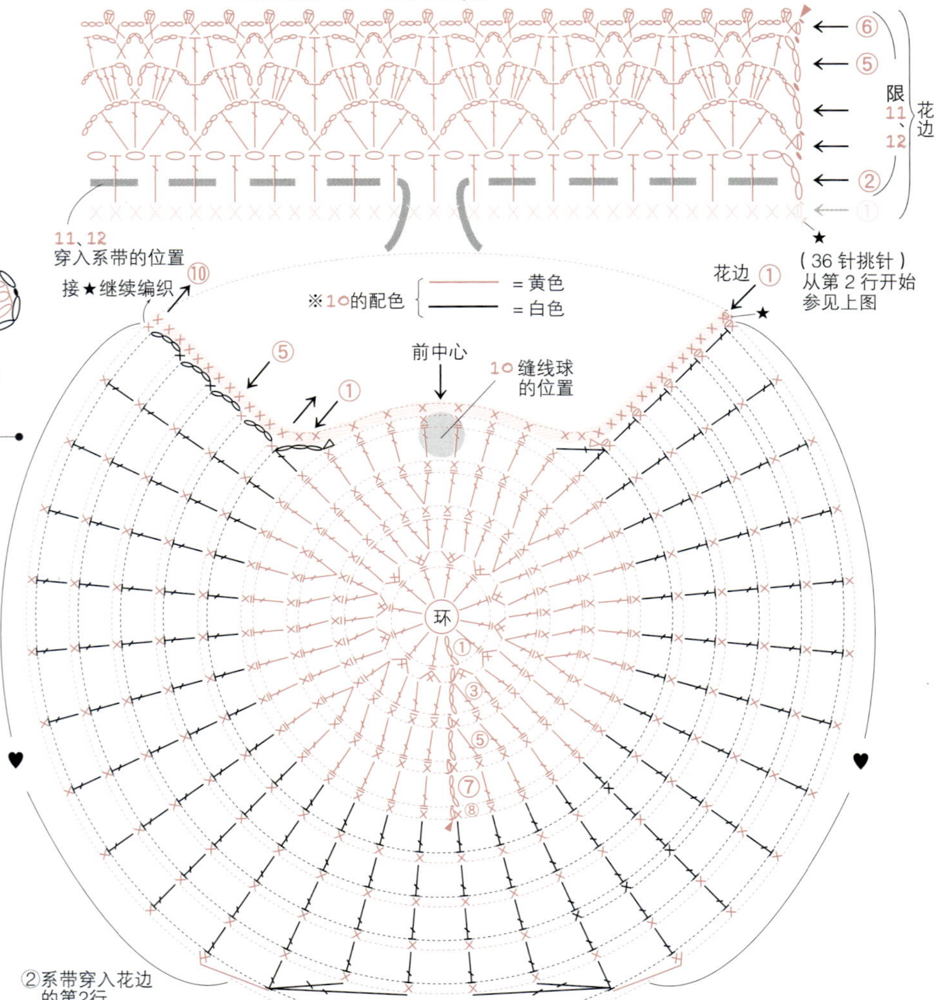

× = 短针的条纹针

11 装饰织片
※接在锁针编织的系带两端。

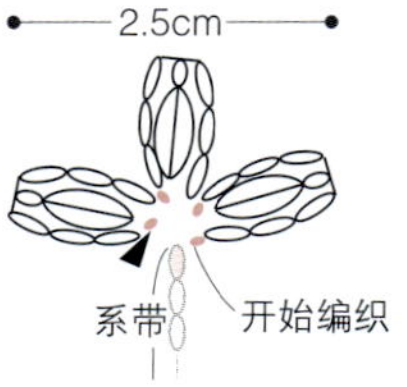

※引拔针（ ）织入系带两端的锁针（ ）内。

12 花片 2片
第2行…白色
第1行…粉色

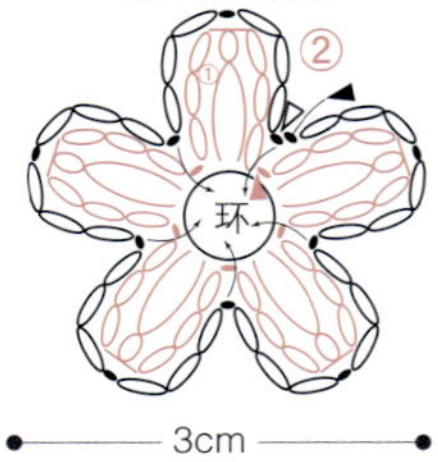

11、12 通用

系带 2根 11…本白色
12…粉色

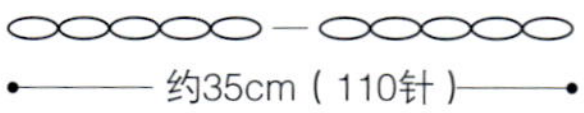

整理方法

10

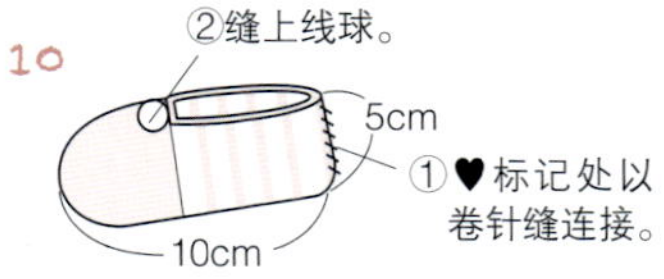

11

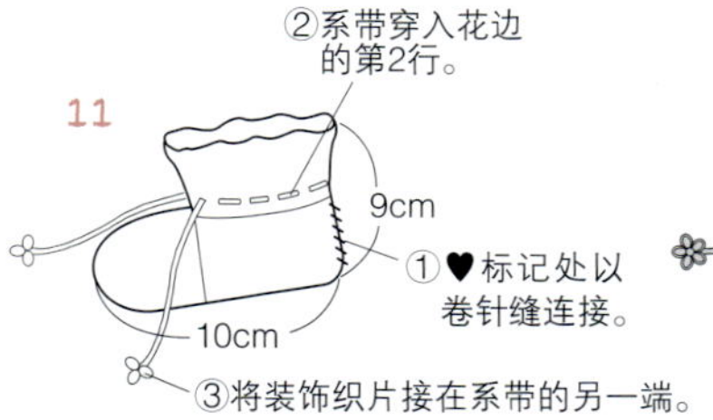

12

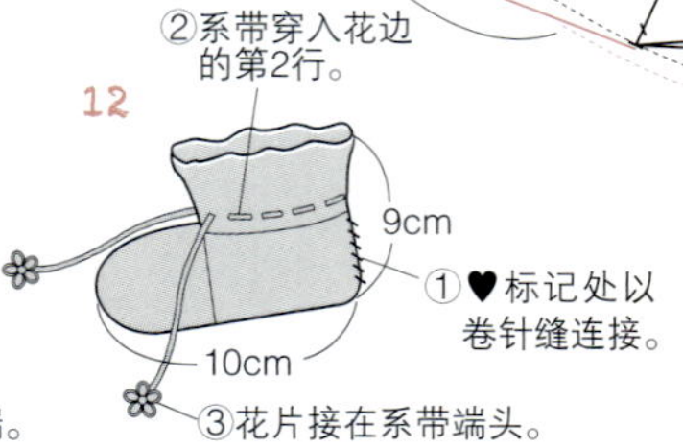

№13 №14 护腿（13 / 0~12 个月，14 / 12~24 个月） 作品 / p.25

● **13 的材料**

丘比特 10（淡蓝色）…15g，5（蓝色）…11g

● **14 的材料**

可爱宝贝 21（米绿色）… 40g，2（本白色）… 5g

● **针**

棒针 5 号

钩针 6/0 号

● **密度**

13…10cm×10cm 花样编织 28 针 ×32 行

14…10cm×10cm 花样编织 24.5 针 ×28 行

● **完成尺寸**

13…长 20cm

14…长 23cm

● **编织方法**

※主体部分的编织方法 13、14 通用。

1 编织主体部分

以一般的起针方法起针，花样编织的条纹（14 是单色）部分无须加减针，编织结束时用双罗纹针的伏针收针。

2 缝合成筒状

以挑针缝连接（请参见 p.7）成筒状。14 要在主体部分的上下方编织 1 行花边。

3 编织系带，整理完成

13 用钩针编织包芯线，利用主体部分花样编织的镂空穿线，再在两端打结。

14 先将一端织有装饰织片的包芯线穿入主体部分，再编织另一端的装饰织片，整理即可。

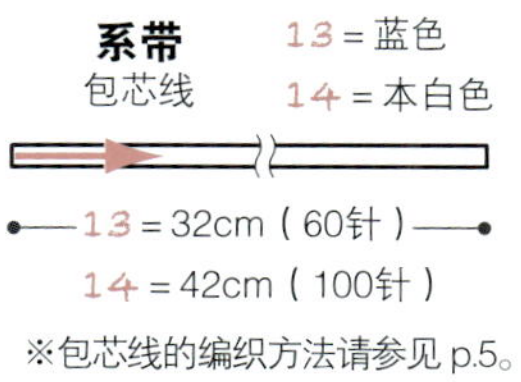

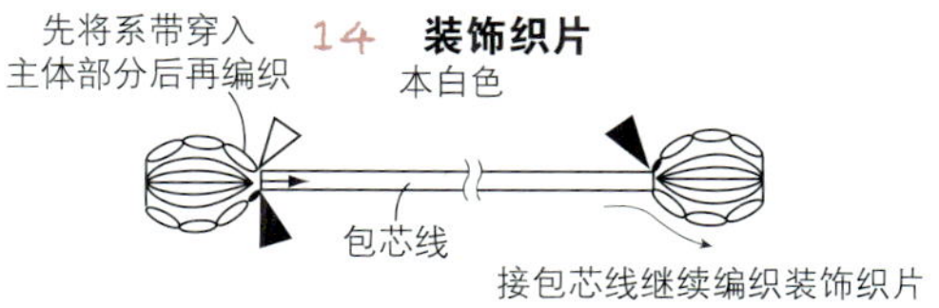

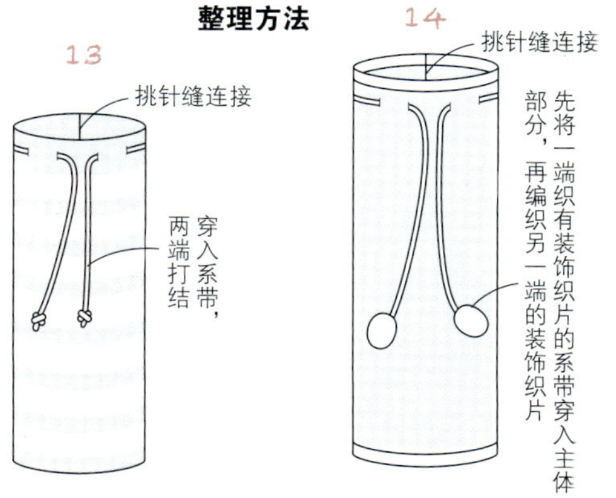

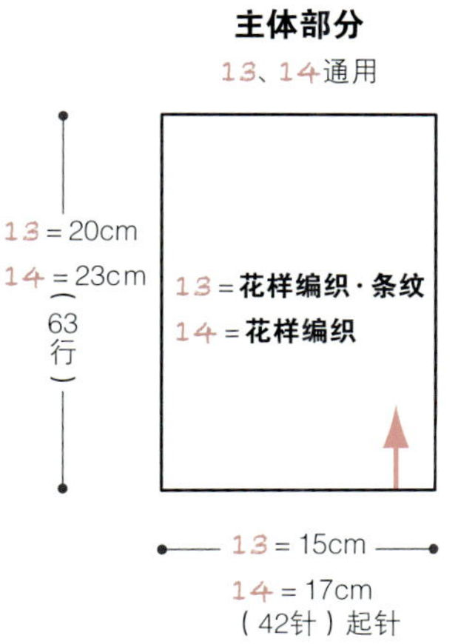

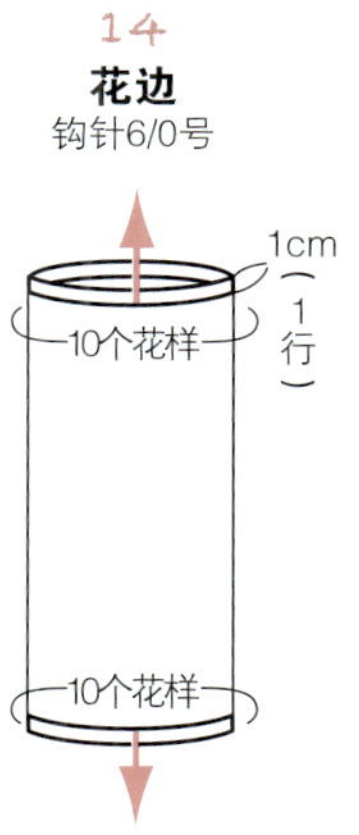

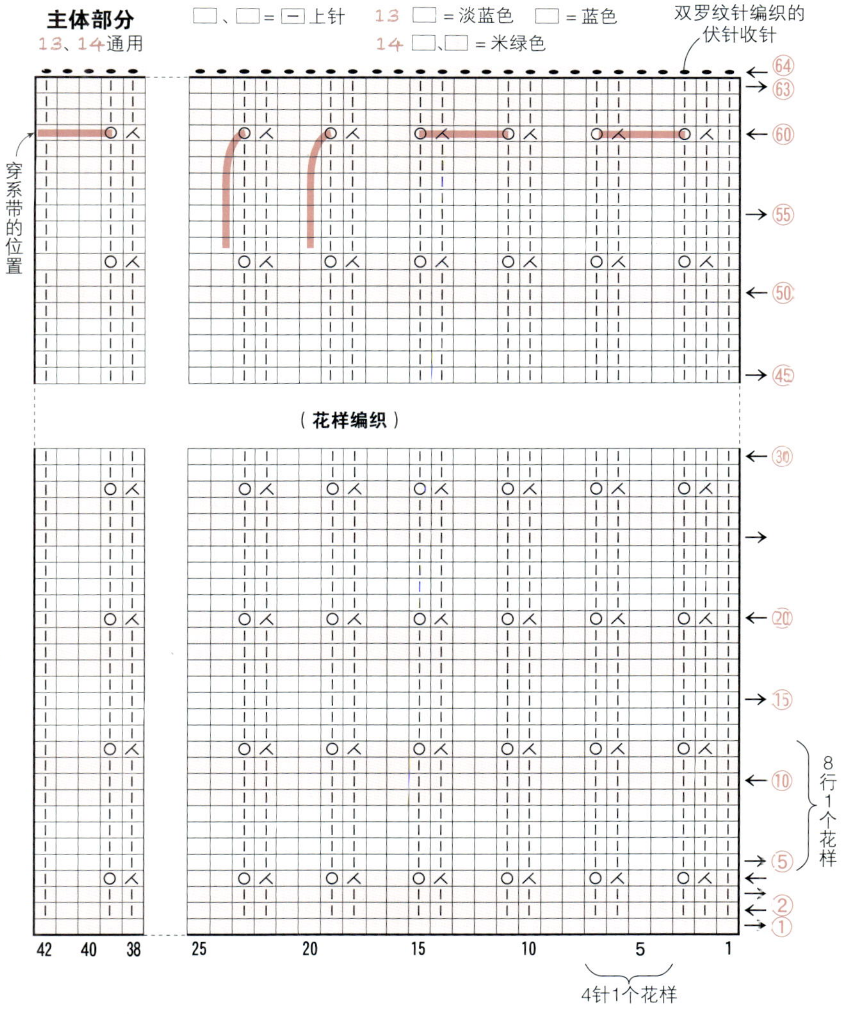

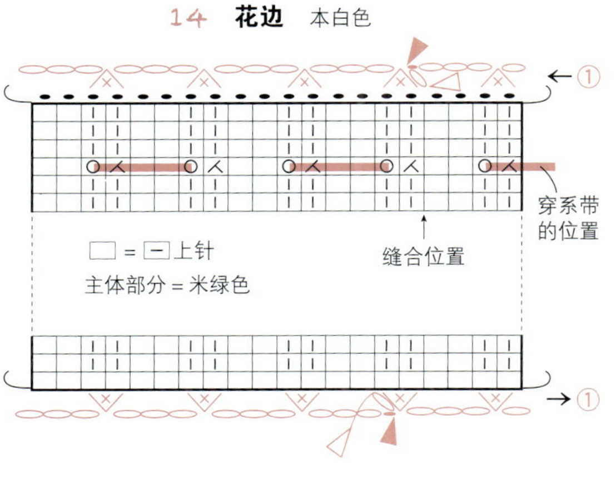

小熊抱毯

柔软温暖的质地温柔地呵护着宝宝。
让宝宝和小熊哥哥一起睡个午觉，一起出门游玩吧。
编织方法 / p.30

№ 15

背景 / WAFFLISH WAFFLE

蝴蝶结胸针 & 胸花

这些都是可以用很少的线就能织成的简单小饰物。
用织衣服剩下的线织点饰品搭配美美的衣服吧。

编织方法 / p.57

圆圆的大脸上配以滴溜溜的小眼睛，
这是不是一只很有喜感的小熊？
这很有存在感的装饰又像是一个布娃娃在
守护着小宝贝呢！

№15 小熊抱毯 作品 / p.28

● **材料**

可爱宝贝　2（本白色）…265g，25（浅棕色）…160g

3PLY　17（深棕色）…少许

1.2cm 宽的缎带（H715-170-003）…36cm

● **针**　钩针 5/0 号

● **密度**

10cm×10cm 花样编织 20 针 ×12 行

● **完成尺寸**　参见图片

● **编织方法**

1 编织主体部分

用本白色线起针编织 157 针锁针，参见花样编织图的配色条纹（本白色、浅棕色）无加减针编织 95 行。在主体部分的四周用浅棕色线编织花边，再稍做整理。

2 编织装饰小熊，再缝在主体部分上

编织面部、鼻子各 1 片，耳朵 2 片。参见整理方法图将耳朵以卷针缝缝在面部，鼻子中间塞入同色线，再缝在面部的指定位置。眼睛、睫毛、鼻子、嘴巴用指定的线进行刺绣后再稍做整理。

3 缝上缎带，整理完成

将装饰小熊缝在主体部分上。如图所示将缎带蝴蝶结也缝上去。

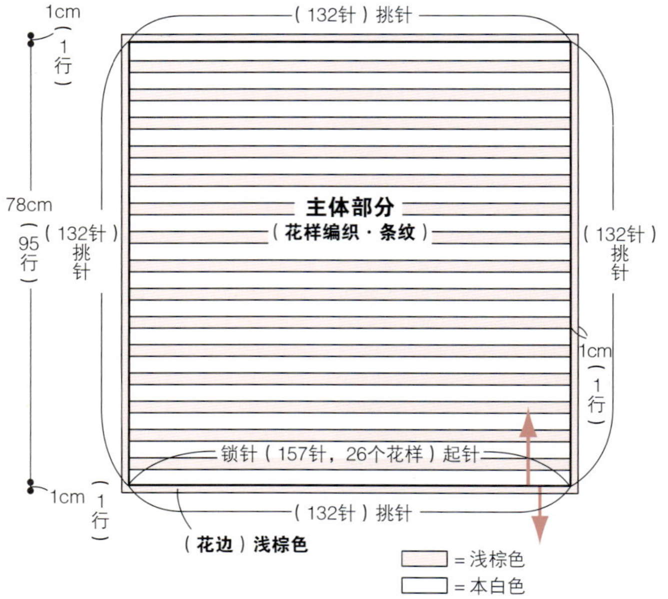

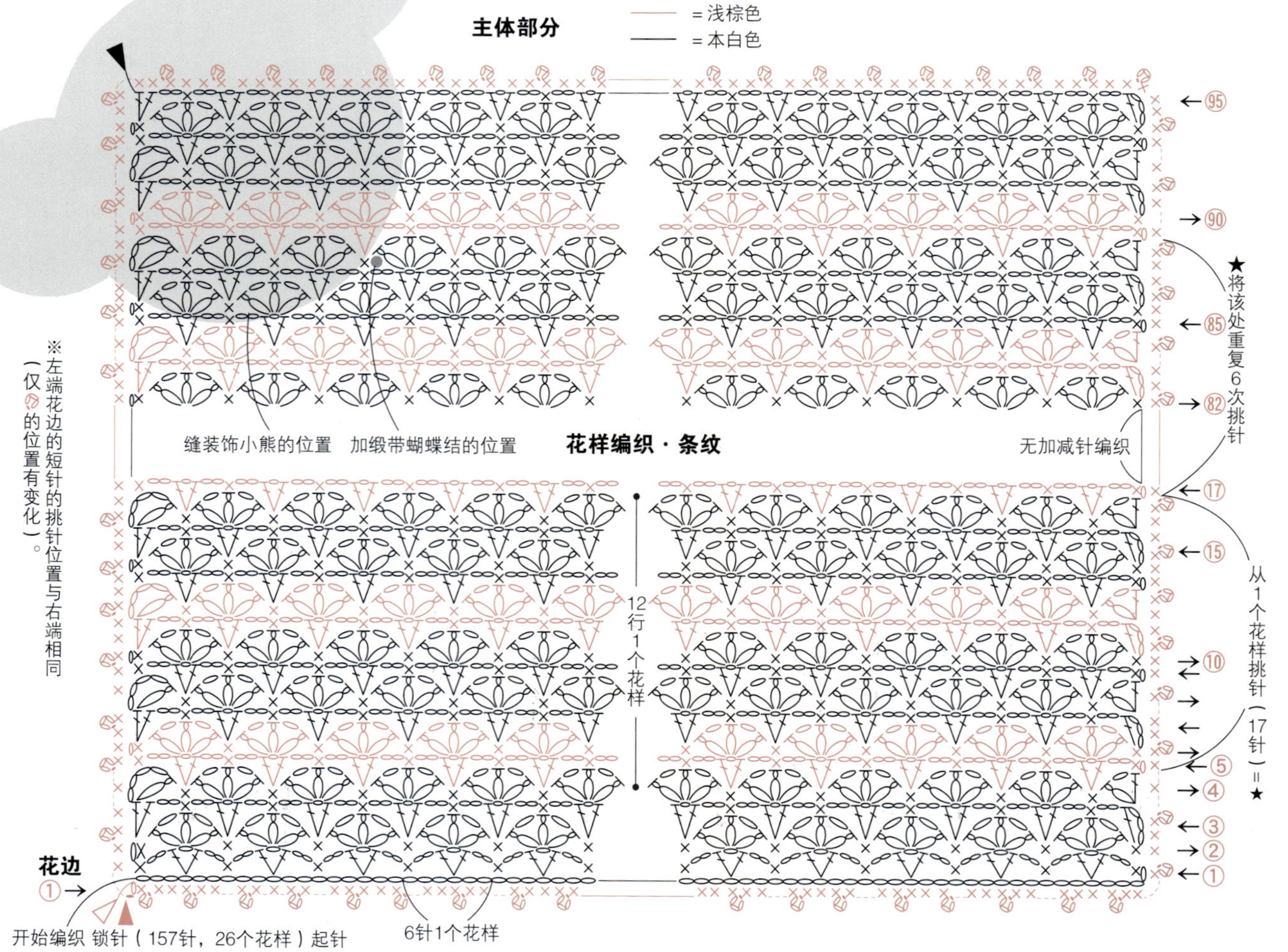

耳朵 浅棕色 2片

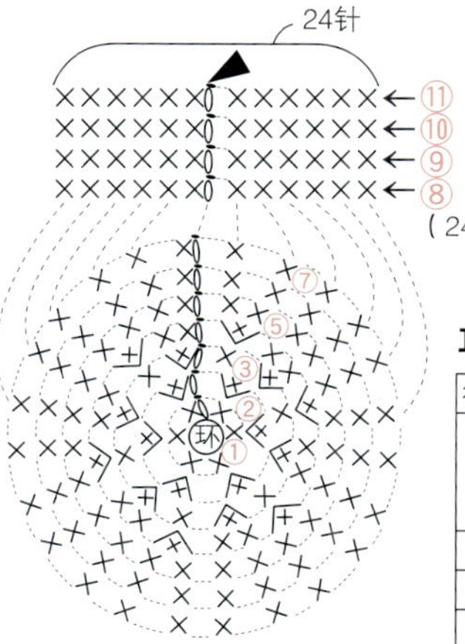

※将反面用作正面。

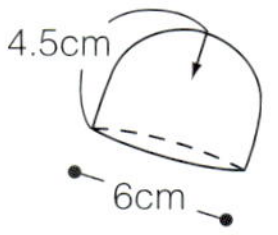

耳朵的针数表

行数	针数	加针
11 ~ 5	24	
4	24	+6
3	18	+6
2	12	+6
1	6	

面部
浅棕色

※将织片的反面用作面部正面。

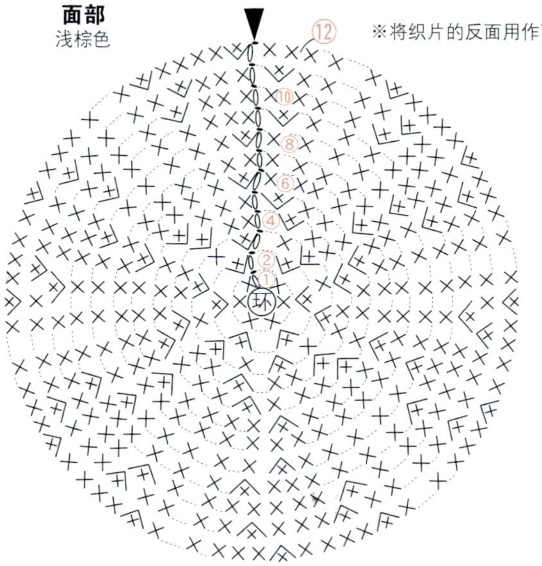

面部的针数表

行数	针数	加针
12	78	+12
11	66	+12
10	54	+6
9	48	+6
8	42	+6
7	36	
6	36	+6
5	30	+6
4	24	+6
3	18	+6
2	12	+6
1	6	

鼻子 浅棕色

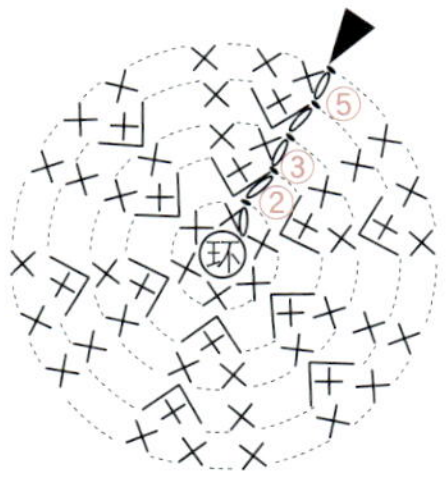

鼻子的针数表

行数	针数	加针
5	18	
4	18	+6
3	12	
2	12	+6
1	6	

※将反面用作正面。

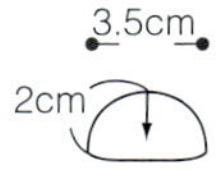

装饰小熊的整理方法

※面部、耳朵、鼻子各部分如图所示进行组合。

①耳朵对折，与面部拼接好以卷针缝固定。

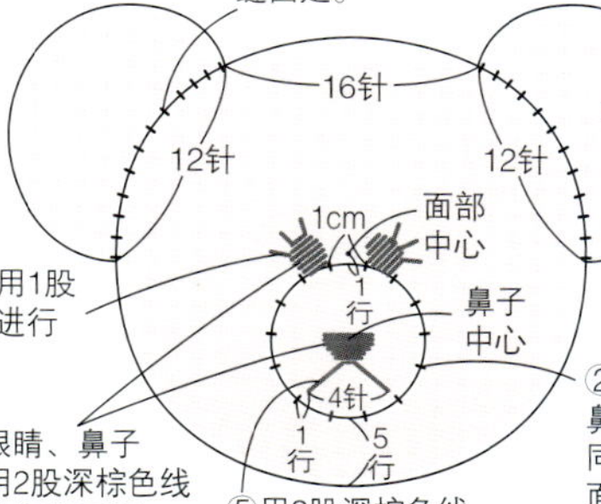

②鼻子中间塞入同色线再缝在面部。

③眼睛、鼻子用2股深棕色线进行缎面绣。

④睫毛部分用1股深棕色线进行直针绣。

⑤用2股深棕色线进行直针绣。

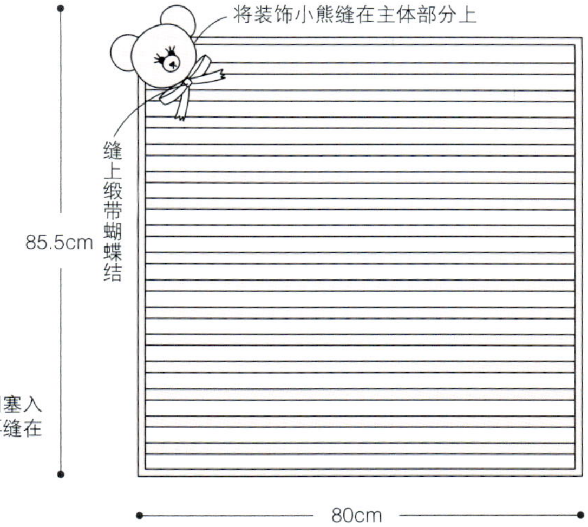

刺绣方法

直针绣

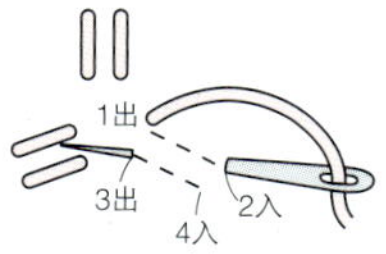

缎面绣

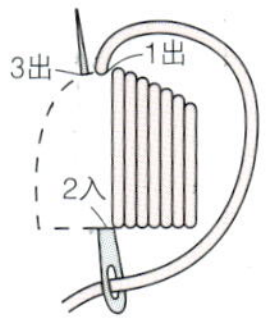

将缎带系成蝴蝶结的方法

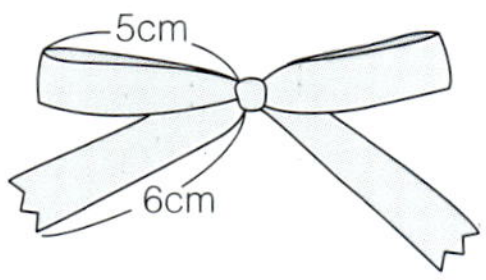

棒针编织基础

上针的右上2针并1针

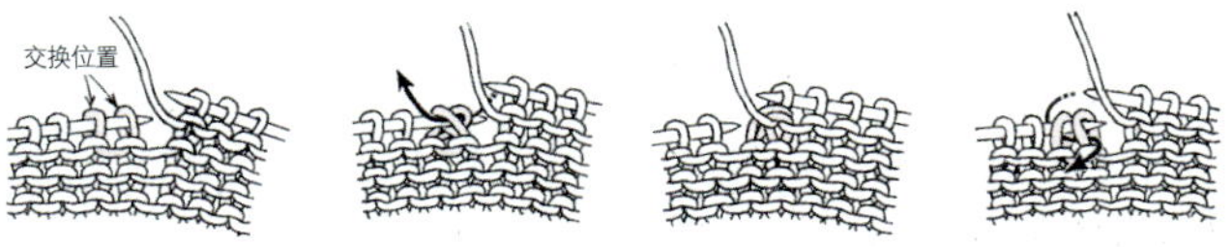

1 将左针端头的2个针目交换位置，以便让第2个针目更靠前。

2 右针按照箭头所示插入左针针目，挂线后编织2针并1针。

3 上针的右上2针并1针完成。

※也可将右针按照箭头所示插入左针上的2个针目进行编织。

上针的左上2针并1针

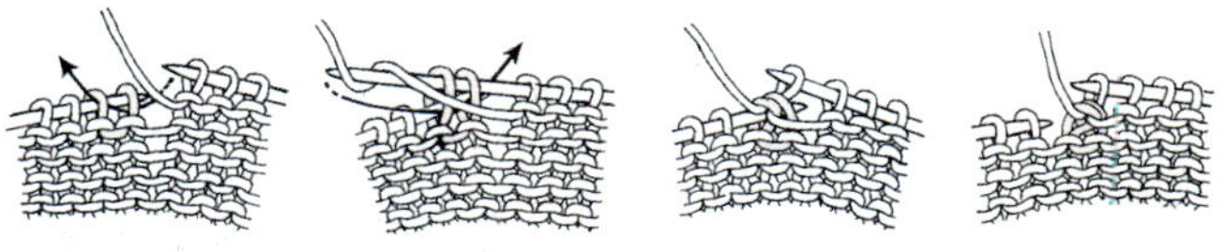

1 按照箭头所示将右针插入左针上的2个针目中。

2 在右针上缠绕挂线后按照箭头所示引出。

3 2针并1针织好上针后松开左针。

4 上针的左上2针并1针完成。

淡蓝色的高腰马甲

这款马甲设计简约，又便于穿脱。
男宝宝扣上纽扣穿着简单大方，
搭配护腿或者短裤都很帅哦！
编织方法 / p.34

HELLO! LOVELY BABY

№20

0~12
个月

花片装饰的高腰马甲

这款高腰马甲下摆的一圈小花边让女宝宝显得更加活泼可爱。
白色搭配粉色真是女宝宝再合适不过的颜色啦。

编织方法 / p.34

№21

0~12
个月

№20 №21 淡蓝色的高腰马甲 & 花片装饰的高腰马甲（0～12 个月） 作品／20…p.32，21…p.33

● **20 的材料**

丘比特 5（淡蓝色）…150g

直径 2cm 的纽扣…2 颗

● **21 的材料**

丘比特 9（深粉色）…165g，1（白色）…13g

● **针** 钩针 3/0 号

● **密度**

10cm×10cm 花样编织 a 32 针 ×14.5 行

10cm×10cm 花样编织 b 30 针（7.5 个花样）×15 行

● **完成尺寸**

20…胸围 60cm，衣长 36cm

21…胸围 60cm，衣长 37cm

● **编织方法**

1 编织育克

起针编织 249 针锁针，如图所示进行 4 行花样编织 a，从下一行开始分别编织左、右前育克和后育克至肩部共 22 行。

2 编织前、后身片

从开始编织育克的一侧挑针 82 个花样，进行 32 行花样编织 b。

3 编织短针（仅限 20）

锁针订缝肩部（请参见 p.6），左、右前襟和领口部分继续编织 1 行短针，袖窿也编织 1 行短针。

4 编织花边（仅限 21）

左、右前襟和领口接着编织 1 行花边，袖窿也要编织 1 行花边（挑针数同 20）。

5 编织连接花片（仅限 21）

锁针 7 针起针织成环形，如图所示花片编织 3 行。从第 2 片开始在第 2 行与相邻花片相接，共连接 27 片花片。

6 编织系带

20…系带 a 如图所示编织包芯线。

21…系带 a、系带 b 如图所示编织包芯线。

7 编织饰花（仅限 21）

环形起针，如图所示编织 2 行。

8 整理完成

20…将系带 a 缝在指定位置，再缝上纽扣。

21…将连接好的花片缝在前、后身片的下摆处。系带 a、b 缝在指定位置，系带 b 的两端缝上饰花。

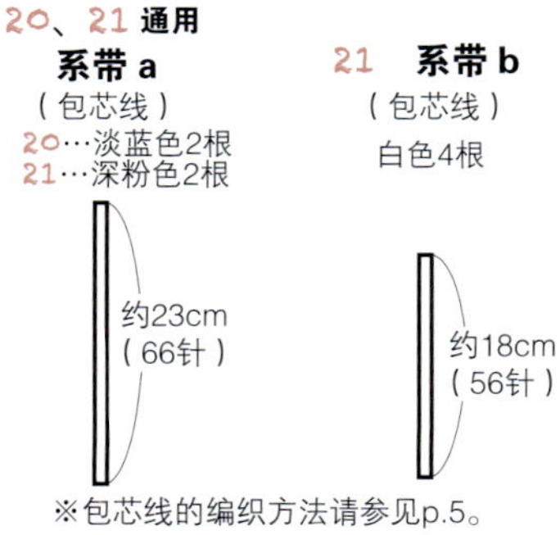

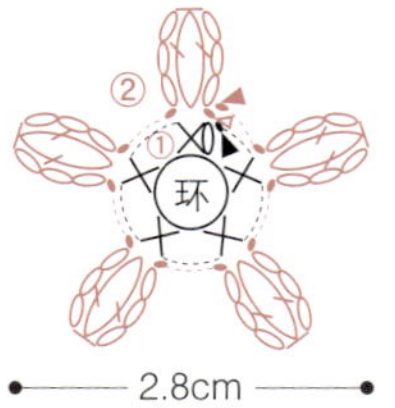

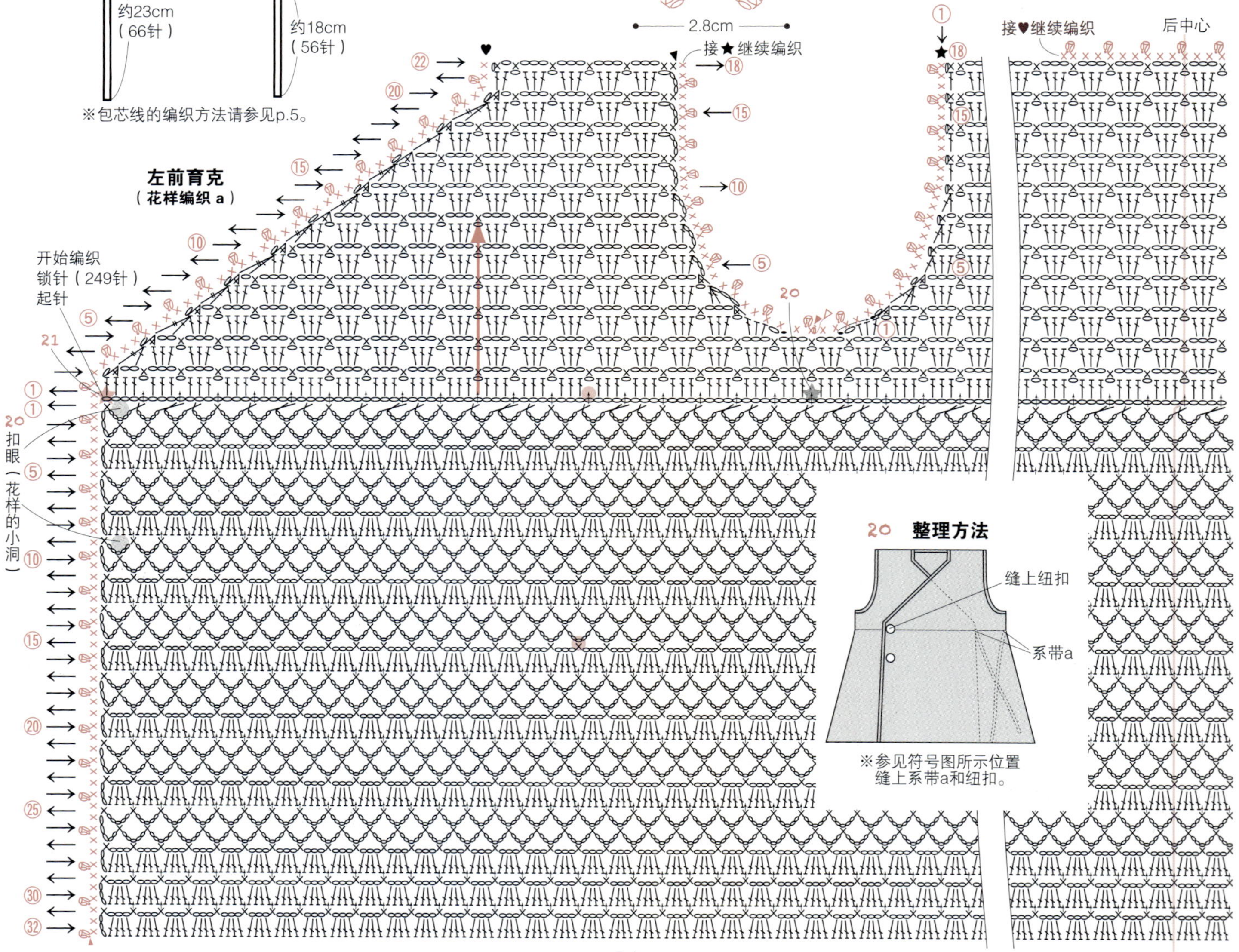

20、21 通用

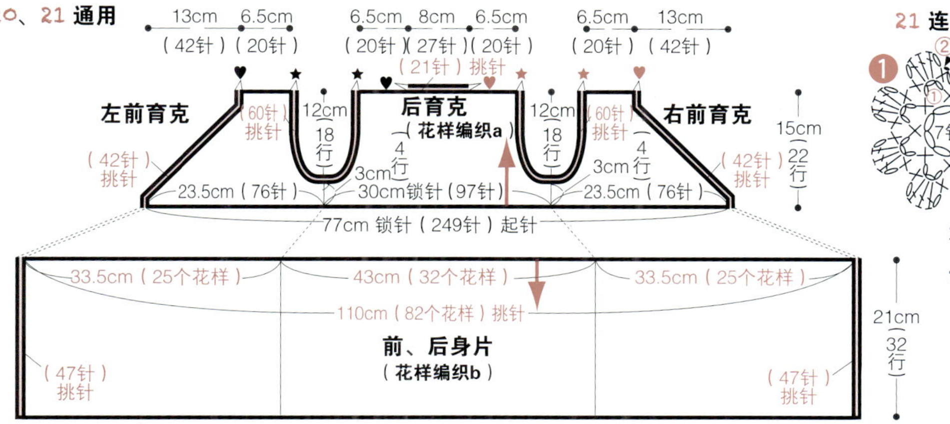

※21的配色 花样编织a、b…深粉色 / 花边…白色

※20全部用淡蓝色线编织。

= 20…（短针）0.5cm / 21…（花边）1cm（1行）

21 连接花片

21 连接花片

※按照❶~㉗的顺序连接。

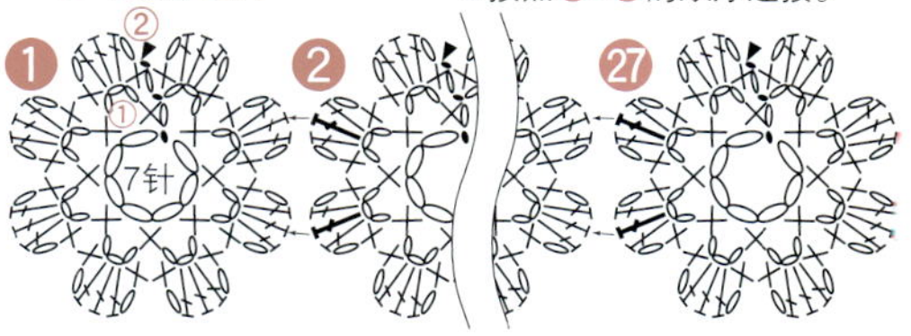

花片的连接方法

该长针脱针，再在相邻花片的长针针目中入针，然后将脱针的针目引出后连接。

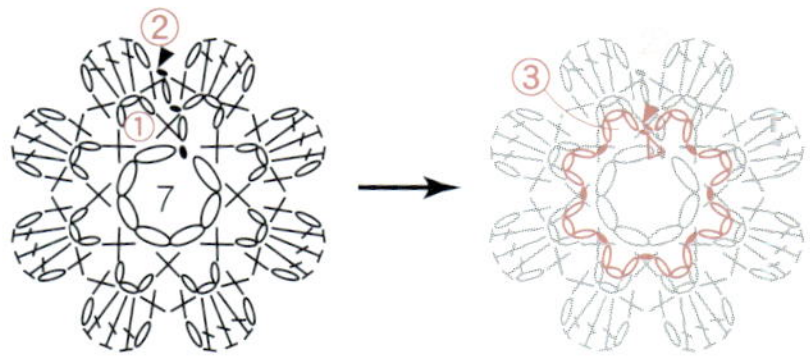

第3行…白色
第1、2行…深粉色

第3行的引拔针要在第1行短针的尾针处编织

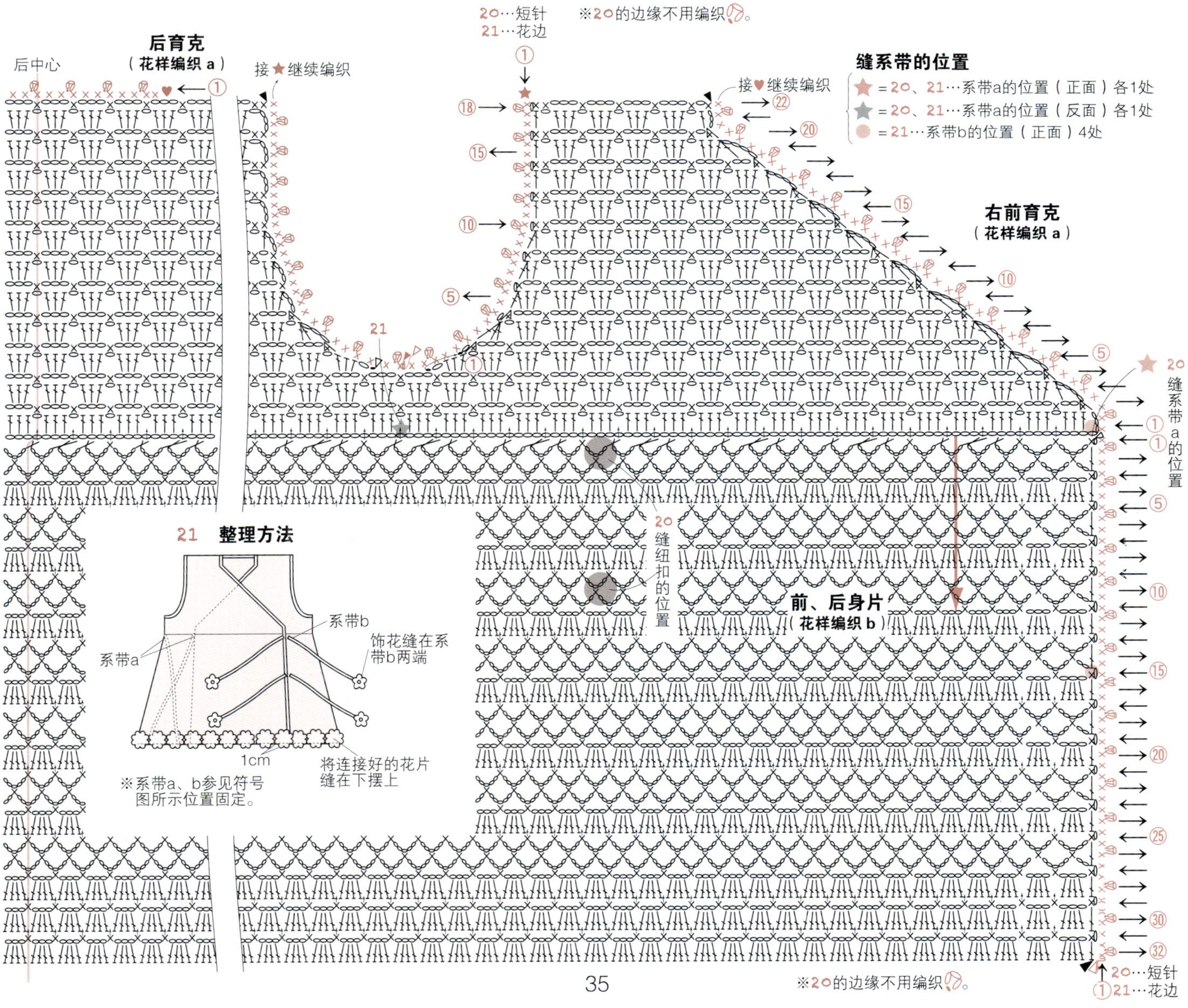

白色小披风

为人生第一次迎接冬天的小天使宝宝编织这款披风吧。
雪白的小披风与小礼服搭配也非常美哦。

编织方法 / p.38

№22

主体部分编织方法相同。
由于更换了粗线，尺寸显得更大一些。

0~12
个月

连帽小披风

这件连帽小披风给宝宝随便一搭，
就能带给宝宝加倍的温暖哦。
自然的浅棕色是百搭色，男女宝宝都合适哦。

编织方法 / p.38
要点详解 / p.64

大大的兜风帽温暖而轻柔地包裹着宝宝，
皮毛饰边令这件披风显得高贵而华丽。

12~24
个月

№22 №23 白色小披风 & 连帽小披风（22 / 0～12 个月，23 / 12～24 个月）

作品 / 22…p.36，23…p.37　要点详解 / 23…p.64

● **22 的材料**

丘比特　1（白色）…100g

● **23 的材料**

可爱宝贝　25（浅棕色）…220g

LUPO　2（灰色）…40g

直径 2.3cm 的纽扣…2 颗

● **针**

22…钩针 3/0 号

23…钩针 5/0 号

● **密度**

22…10cm×10cm 花样编织 27 针 ×11 行

23…10cm×10cm 花样编织 18.5 针 ×9.5 行

● **完成尺寸**　参见图片

● **编织方法**

※22 用钩针 3/0 号，23 用钩针 5/0 号编织。

1 编织主体部分

起针编织 93 针锁针，如图所示进行 24 行花样编织。

2 编织帽子（仅限 23）

起针编织 71 针锁针，如图所示进行 26 行花样编织。将♥标记部分对齐，以卷针缝缝合（请参见 p.64）。

3 编织花边（仅限 22）

领口编织 5 行花边 a，接着在前襟、下摆处编织 1 行花边 b。

4 连接帽子，编织花边（仅限 23）

在领口编织 1 行花边 a，将主体部分与帽子的♣标记部分对齐，以卷针缝缝合。接着用装饰毛（LUPO）在前襟、下摆、帽子护脸一圈编织 2 行花边 b（请参见 p.64）。

5 编织系带（仅限 22）

包芯线（请参见 p.5）编织 305 针。

6 编织扣环（仅限 23）

包芯线编织 35 针，如图制作。

7 整理完成

22…系带穿入花边 a 的第 1 行，再在系带两端编织装饰球。

23…缝上扣环和纽扣。

23　主体部分

钩针5/0号

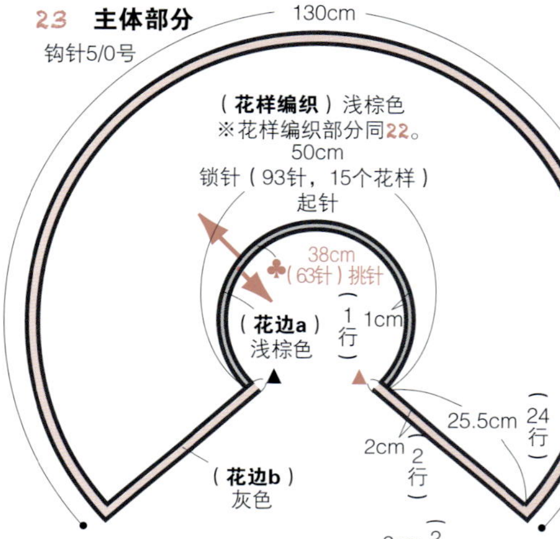

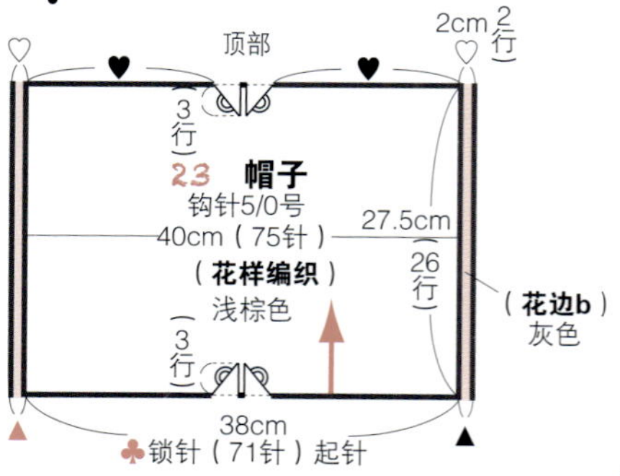

23　主体部分

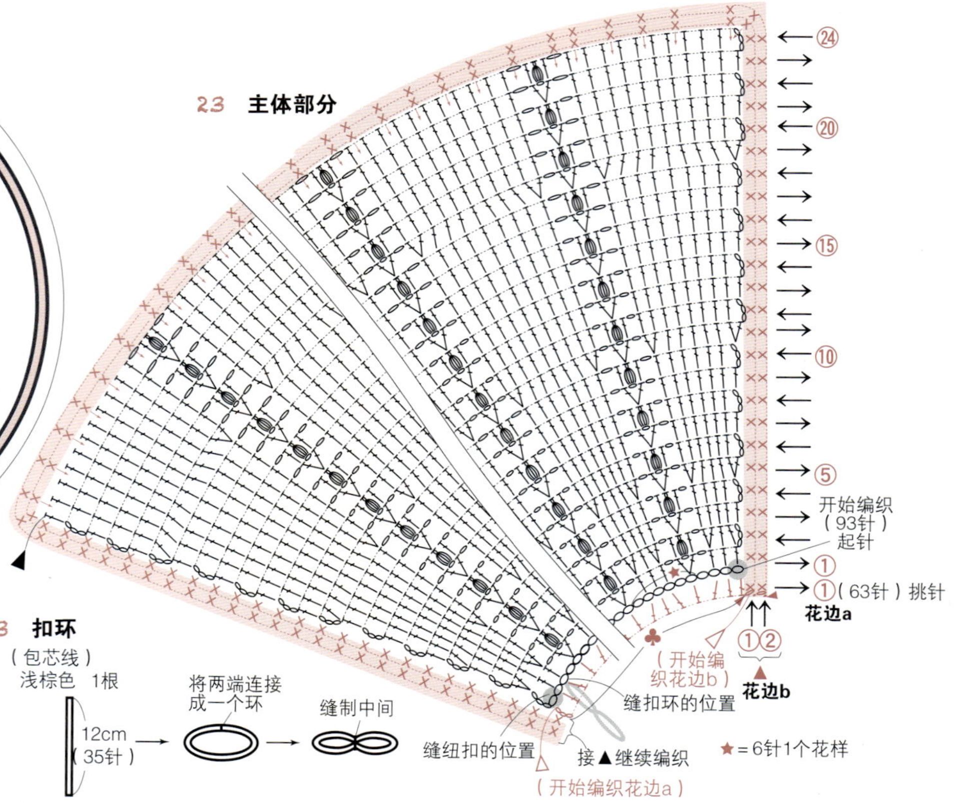

23　扣环

（包芯线）
浅棕色　1根
12cm
（35针）
将两端连接成一个环
缝制中间

※包芯线的编织方法请参见p.5。

23　整理方法

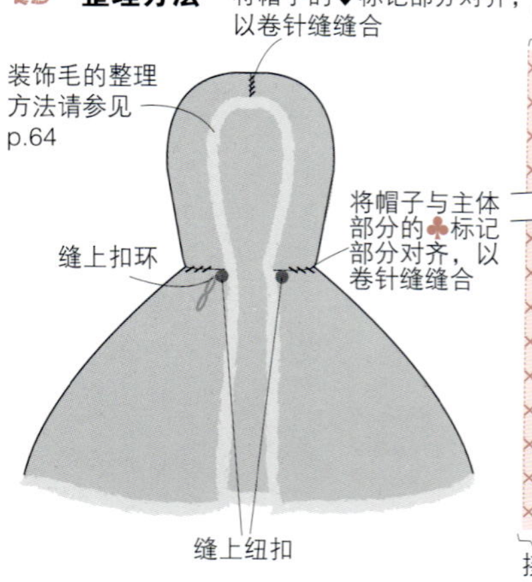

23　帽子

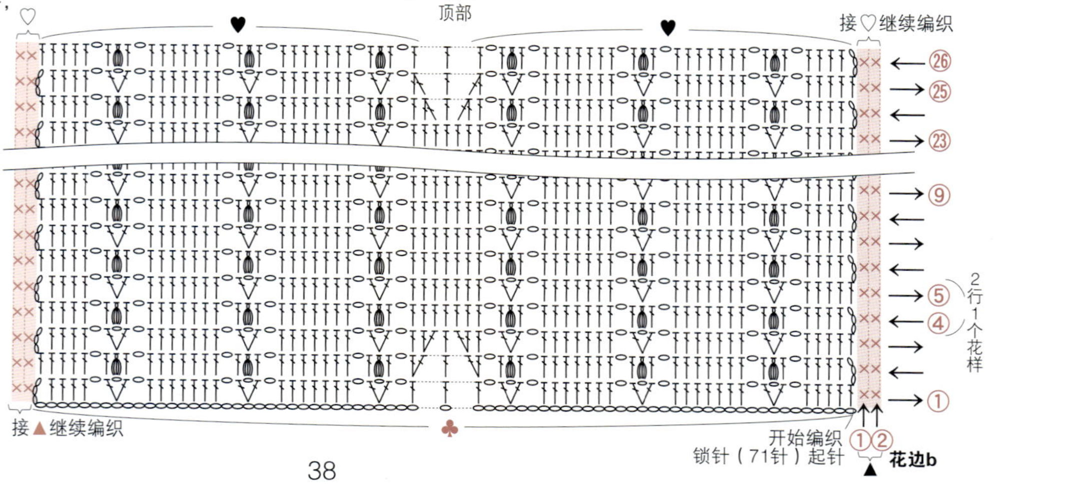

22 整理方法

22 系带装饰球

22 主体部分

22 系带

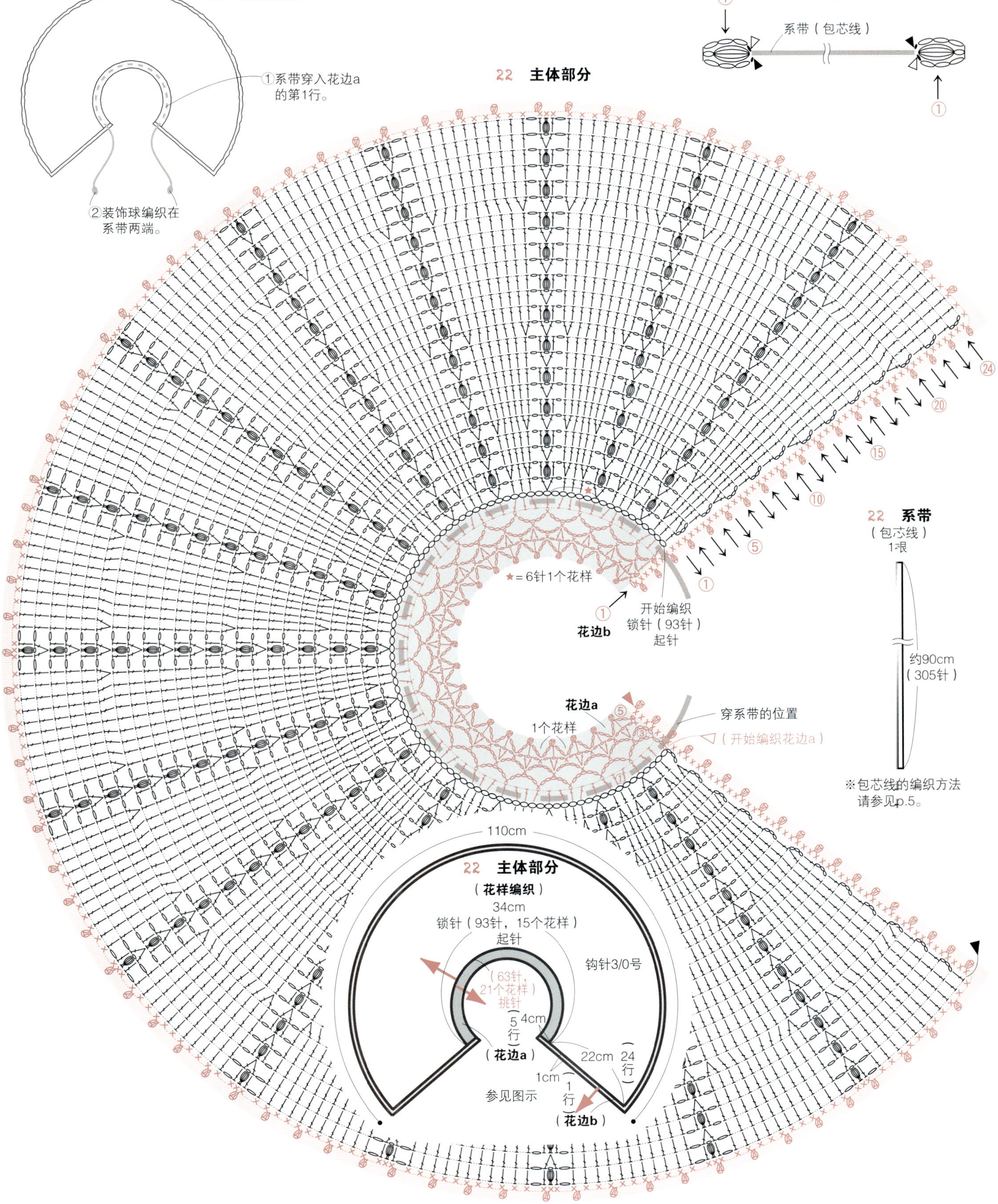

※包芯线的编织方法请参见p.5。

扭花花样的帽子

在棒针编织的帽子上装饰了绒球。装饰一个绒球是基本款，
装饰两个绒球立马变身为小熊的耳朵啦。

编织方法 / p.42
要点详解 / p.6

12~24
个月

护耳帽 & 鸭舌帽

这种能严严实实护住头部的护耳帽是
冬日户外活动中宝宝必不可少的装备哦。
鸭舌帽上装饰了一朵大大的饰花，
是不是又一种风格啊？

编织方法 / p.43
要点详解 / **26**…p.7

12~24
个月

№24 №25 扭花花样的帽子（12～24个月） 作品 / p.40 要点详解 / p.6

● **24 的材料**
可爱宝贝 2（本白色）…39g
● **25 的材料**
可爱宝贝 25（浅棕色）…43g
● **针** 4 根棒针 5 号
● **密度**
10cm×10cm 花样编织 24.5 针 ×30 行
● **完成尺寸** 参见图片

● **编织方法**
※主体部分的编织方法 24、25 通用。

1 编织主体部分
以一般的起针方法起针，编织成环形，再编织 7 行双罗纹针。从下一行开始翻转织片，将反面当作正面如图所示进行花样编织（请参见 p.6）。

2 整理完成
将线穿入编织终点的 18 针内再拉紧，制作好绒球（请参见 p.6）后再缝上去。

主体部分 24、25 通用

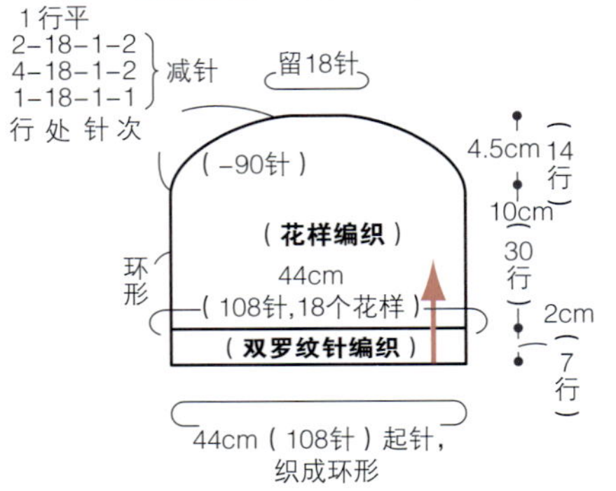

整理方法

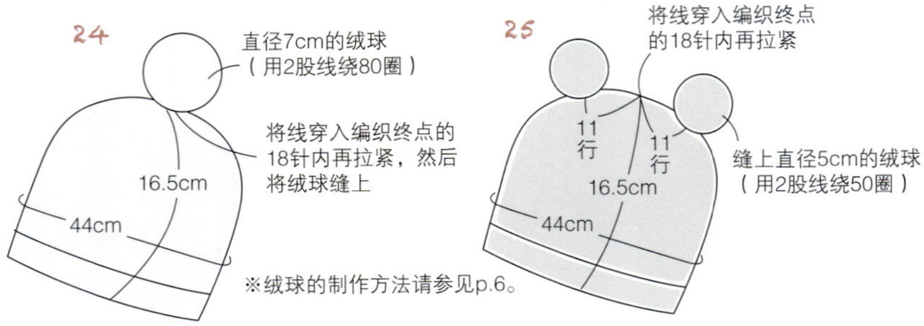

※绒球的制作方法请参见p.6。

主体部分 24、25 通用

□=⊟ 上针

24 = 本白色
25 = 浅棕色

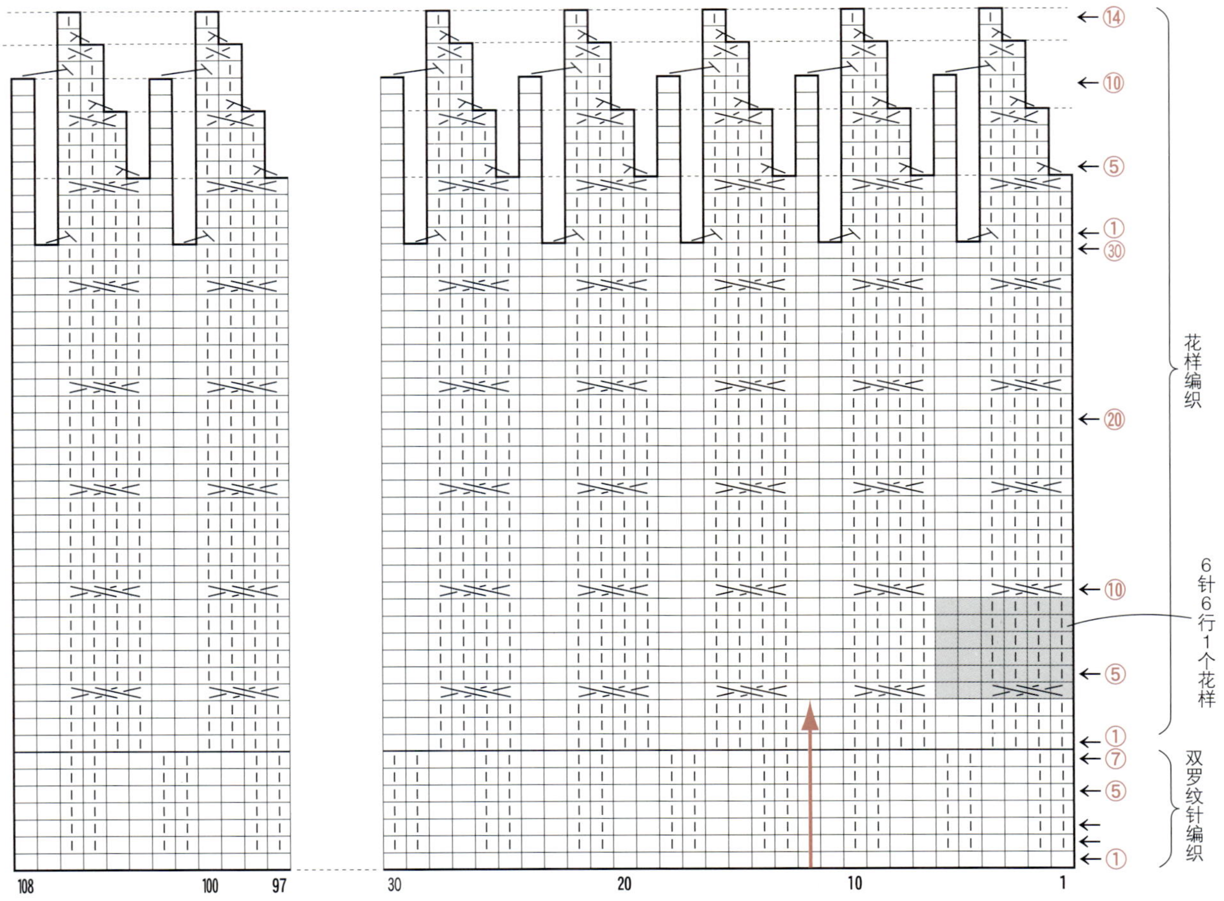

№26 №27 护耳帽 & 鸭舌帽（12～24 个月） 作品 / p.41 要点详解 / 26…p.7

● **26 的材料**

可爱宝贝 21（米绿色）…40g

● **27 的材料**

可爱宝贝 23（烟熏粉色）…40g

● **针** 钩针 5/0 号

● **密度**

10cm×10cm 花样编织 19 针 ×8.5 行

● **完成尺寸** 参见图片

● **26 的编织方法**

1 主体部分编织13 行。在主体部分的指定位置编织 5 行左、右护耳，主体部分的帽口与左、右护耳部分编织一圈短针，再稍做整理。

2 护耳底部接线编织包芯线（请参见 p.5），接着接上流苏（请参见 p.7），再稍做整理即可。

● **27 的编织方法**

主体部分编织 13 行，接着编织 2 行短针的菱形针。在前中心为起点的 33 针处接线，左、右两边减针编织 7 行短针，织出帽檐。接着在主体部分的帽口与帽檐编织 1 行花边，再稍做整理即可。

主体部分针数表

行数	针数	加针
13	34	
7~12	34	
6	34	+14
5	70	
4	70	+28
3	42	+6
2	36	+24
1	12	

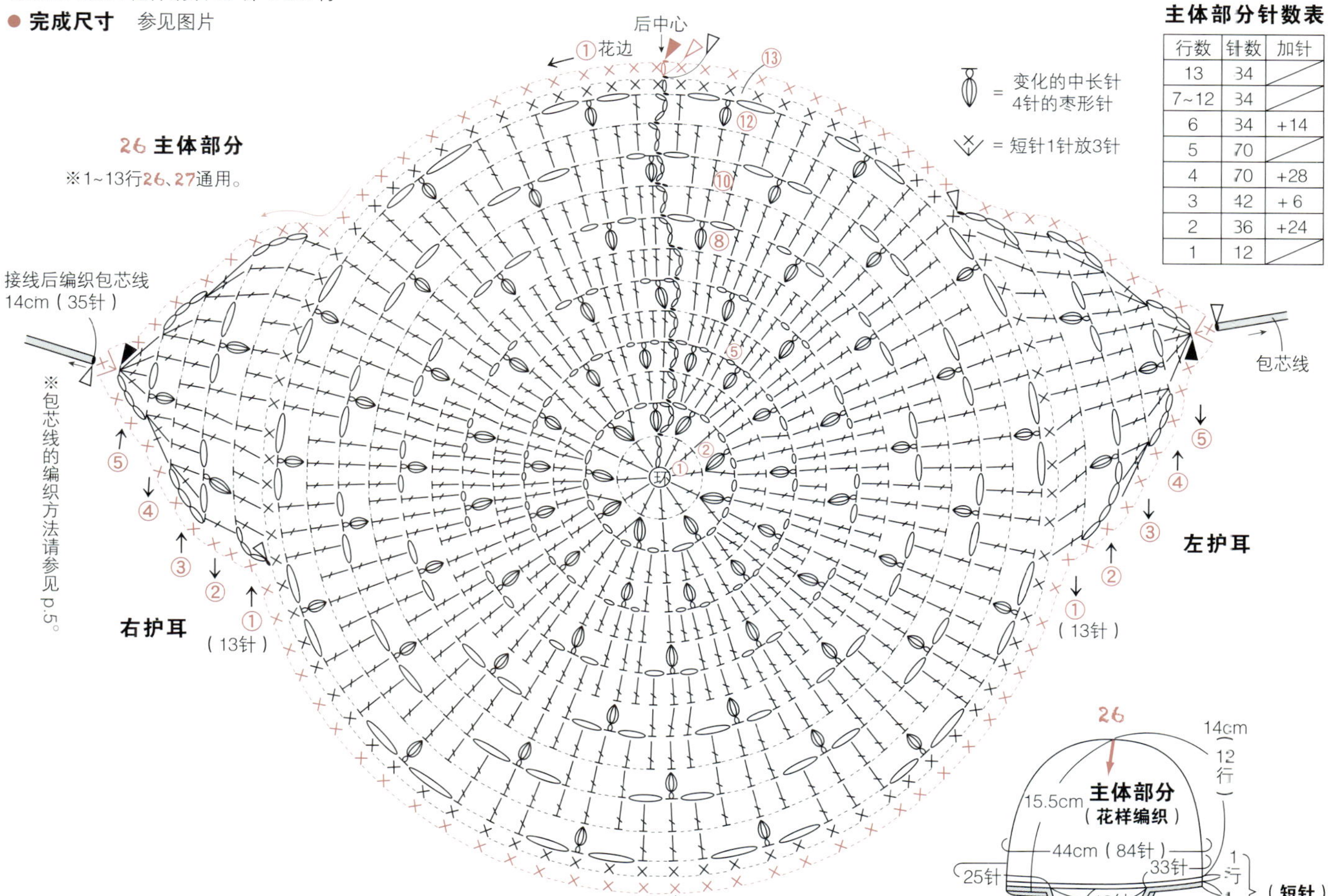

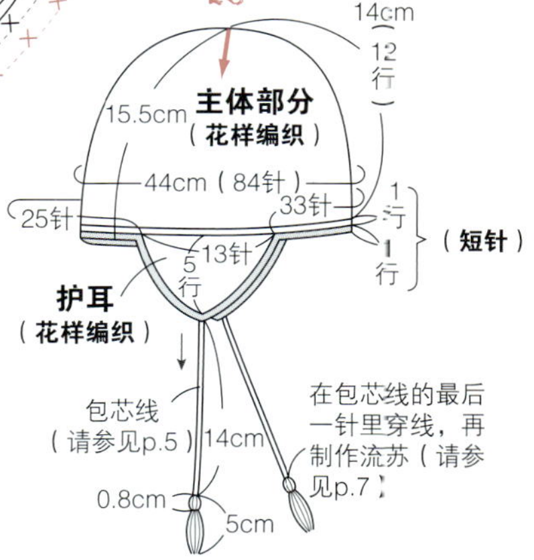

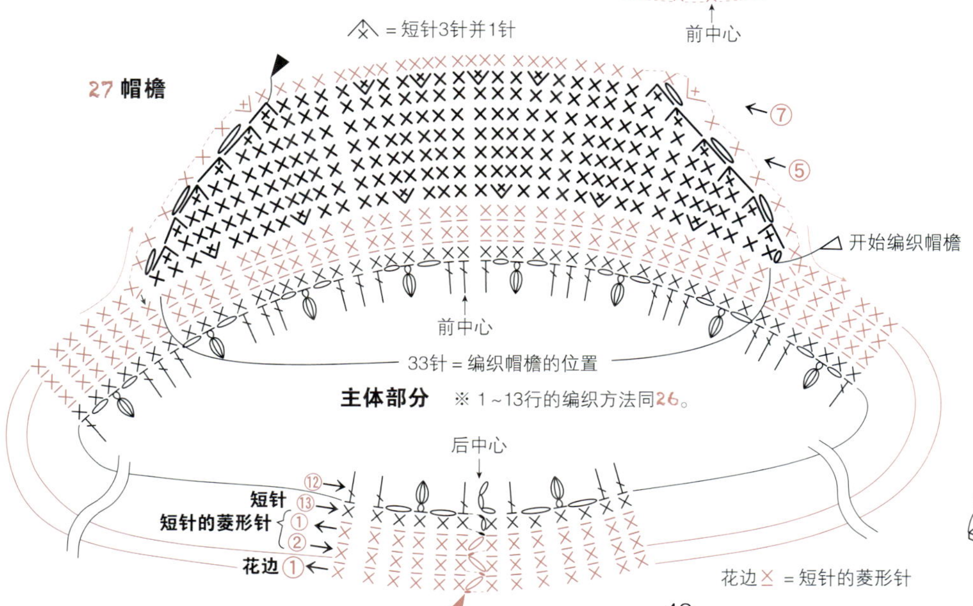

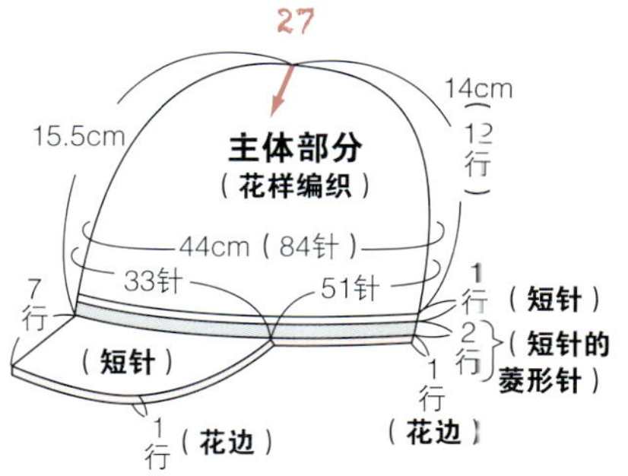

A 摆背心裙

扣子设计在两肩处。漂亮的波浪花样背心裙和同色的胸花、鸭舌帽搭配穿着真是太萌啦！

编织方法 / p.46

№28

12~24
个月

条纹装饰背心裙

裙子的下摆处配上本白色的条纹设计为这条背心裙增色不少。
大大的蝴蝶结胸花也很引人注目哦。

编织方法 / p.46

№29

12~24
个月

№28 №29 A 摆背心裙 & 条纹装饰背心裙（12～24 个月）

作品 / 28…p.44，29…p.45

● **28 的材料**

可爱宝贝 23（烟熏粉色）…160g

直径 1.8cm 的纽扣…4 颗

● **29 的材料**

可爱宝贝 25（浅棕色）…115g，

2（本白色）…26g

直径 1.8cm 的纽扣…4 颗

● **针** 钩针 6/0 号

● **密度**

1 个花样＝4.5cm 约 8 行＝10cm

● **完成尺寸**

28…胸围 64cm，衣长 40cm，肩背宽 25cm

29…胸围 64cm，衣长 39.5cm，肩背宽 24cm

● **编织方法**

※前、后身片的编织方法 28、29 通用。

28 用烟熏粉色线编织。

29 下摆部分要织入本白色线条纹，其他部分用浅棕色线编织。

1 编织后身片

起针编织 101 针锁针，花样编织部分如图所示减针编织 22 行胁长。接着袖窿、领口处减针编织。

2 编织前身片

如图所示，编织方法同后身片。

3 接缝胁，编织下摆

胁以锁针接缝（请参见 p.6）。前领口、后领口、左右袖窿、下摆处 28 要编织短针和锁针 3 针的狗牙拉针组成的花边，29 的花边不编织锁针 3 针的狗牙拉针，仅编织短针，再稍做整理（挑针数相同）。

4 整理完成

在前身片两肩上各缝 2 颗纽扣。扣眼利用后身片的镂空花样。

28、29 通用

后身片

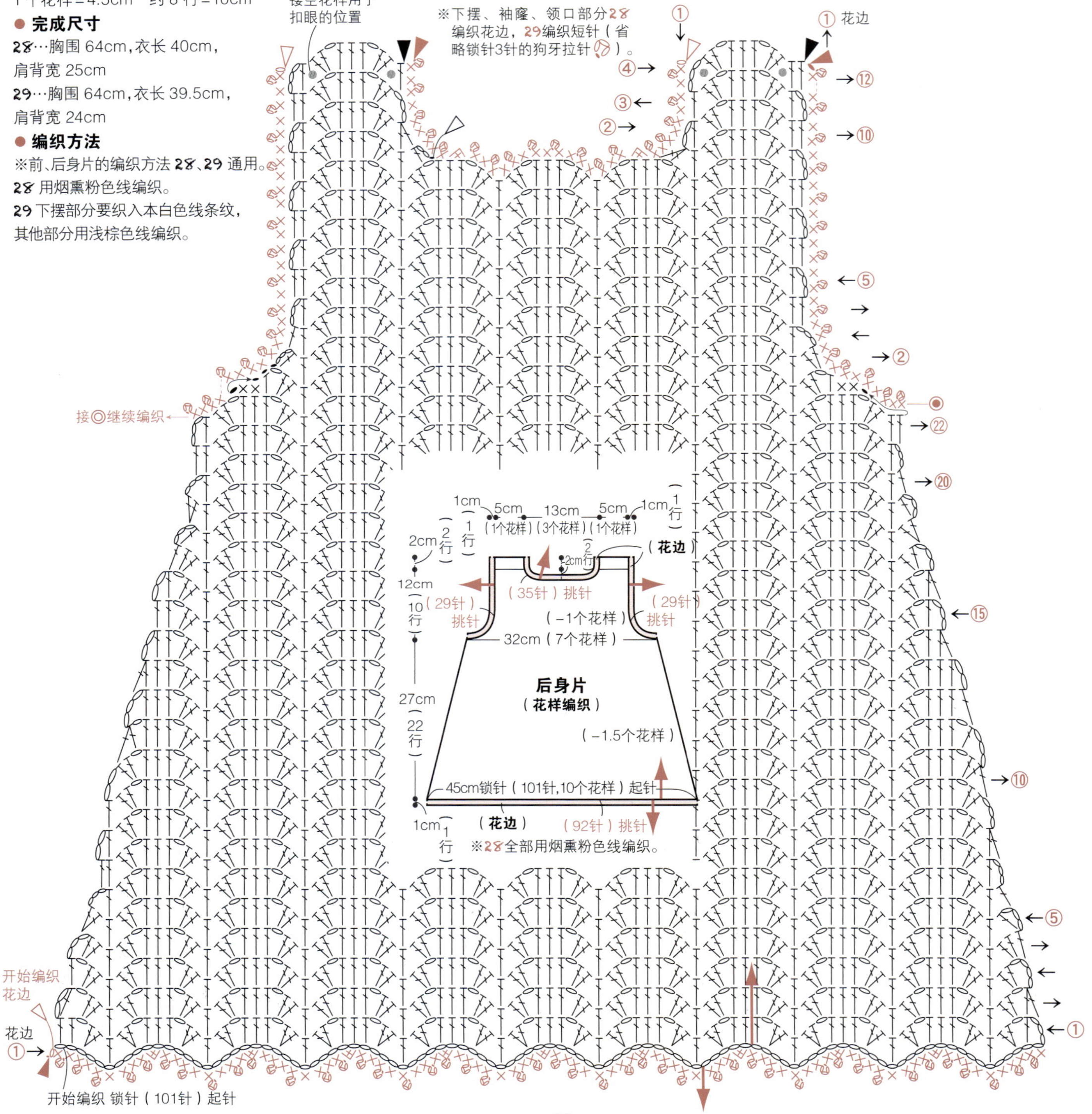

28、29 通用

前身片

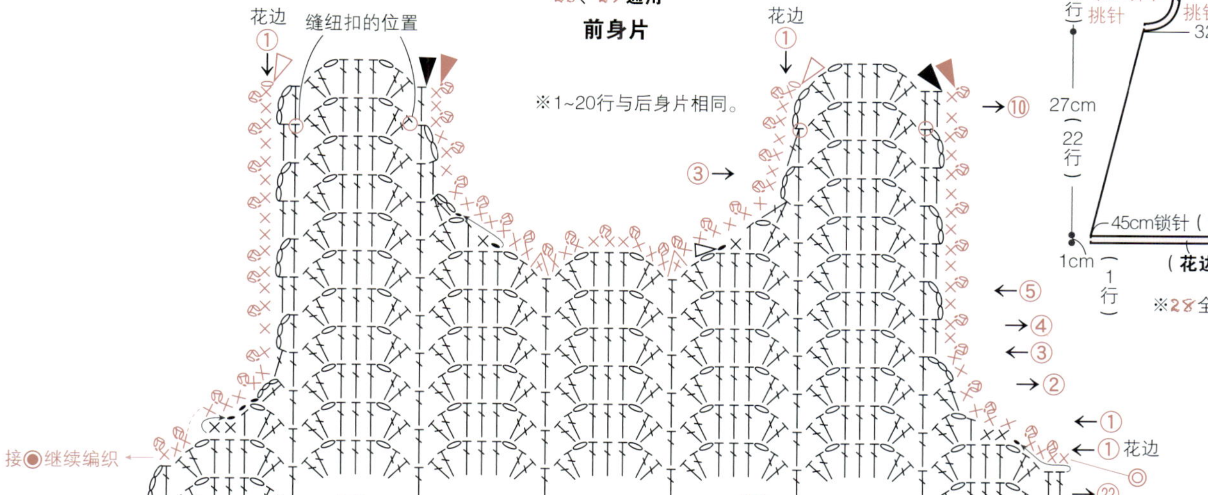

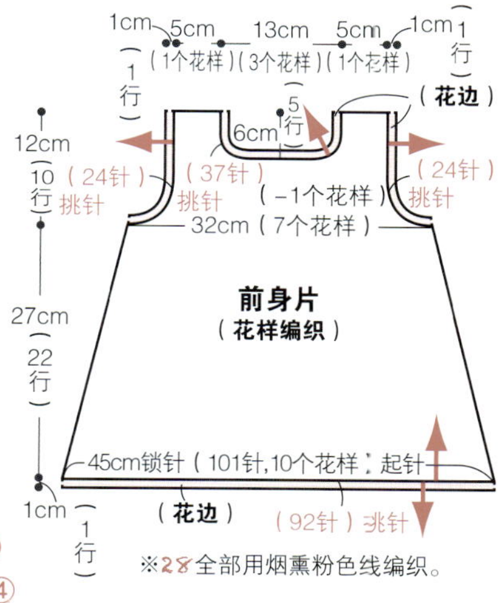

※28全部用烟熏粉色线编织。

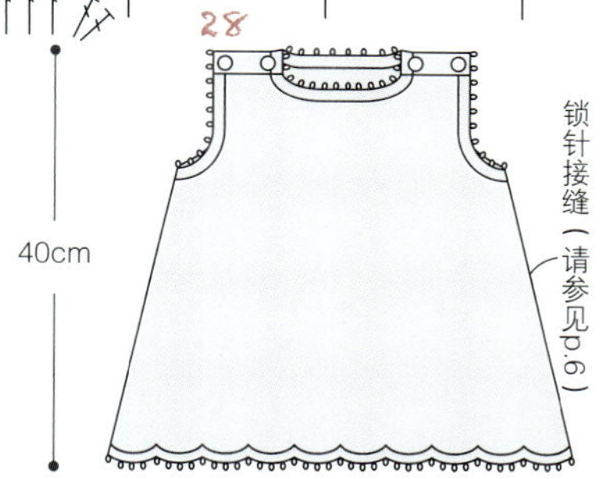

29 配色条纹的织入位置与花边的处理

※短针的挑针数全部同28。

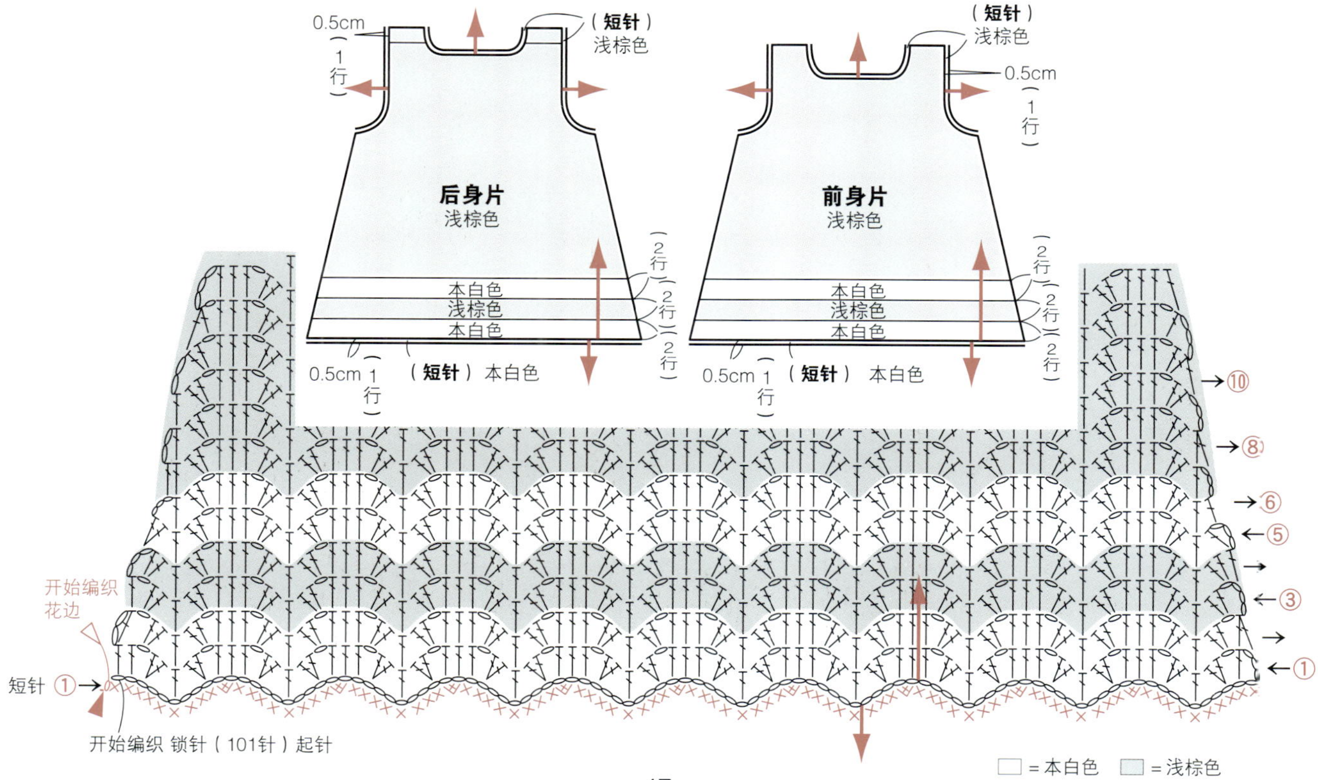

□ = 本白色 ▨ = 浅棕色

菱形花样背心

下针与上针交叉编织而成，
用针目的凹凸感体现出的菱形花样，
配上唯有棒针才能编织出的温暖的厚度，
恬淡而美好。

编织方法／p.50
要点详解／p.7，p.64

№30

12~24
个月

菱形花样背心裙

在与背心相同花样的主体部分加上裙摆，便织成了这款背心裙。

纽扣设计在肩部，便于穿脱。

编织方法 / p.50

要点详解 / p.7，p.64

№31

12~24
个月

● **30 的材料**
可爱宝贝 22（茶绿色）…92g
直径 1.5cm 的纽扣…6 颗

● **31 的材料**
可爱宝贝 24（红豆色）…138g
直径 1.5cm 的纽扣…6 颗

● **针** 棒针 5 号

● **密度**
10cm×10cm 花样编织 24 针 ×26.5 行，上下针编织 20 针 ×26.5 行

● **完成尺寸**
30 …胸围 62cm，衣长 33cm，肩背宽 24cm
31 …胸围 62cm，衣长 41.5cm，肩背宽 24cm

● **编织方法**

1 编织裙片（仅限 31）
前、后裙片起针编织 92 针，编织 5 行单罗纹针，无加减针编织 59 行上下针，第 60 行进行减针。

2 编织身片
30…前、后身片以一般的起针方法起针编织 69 针，编织 5 行单罗纹针。从下一行开始左、右两边编织上下针，中间部分加入花样编织来编织身片。
31…最后一行减针的裙片开始挑针，身片部分编织方法同 **30**。

3 缝合身片的胁
胁以挑针缝连接（请参见 p.7）。

4 编织领口和袖窿
前、后领口与袖窿部分进行单罗纹针编织，再以伏针收针。
※挑针方法请参见 p.64。

5 整理肩部
后肩部分进行单罗纹针编织，并编织出扣眼。织完后以伏针收针。在前肩上缝纽扣。

31 制图

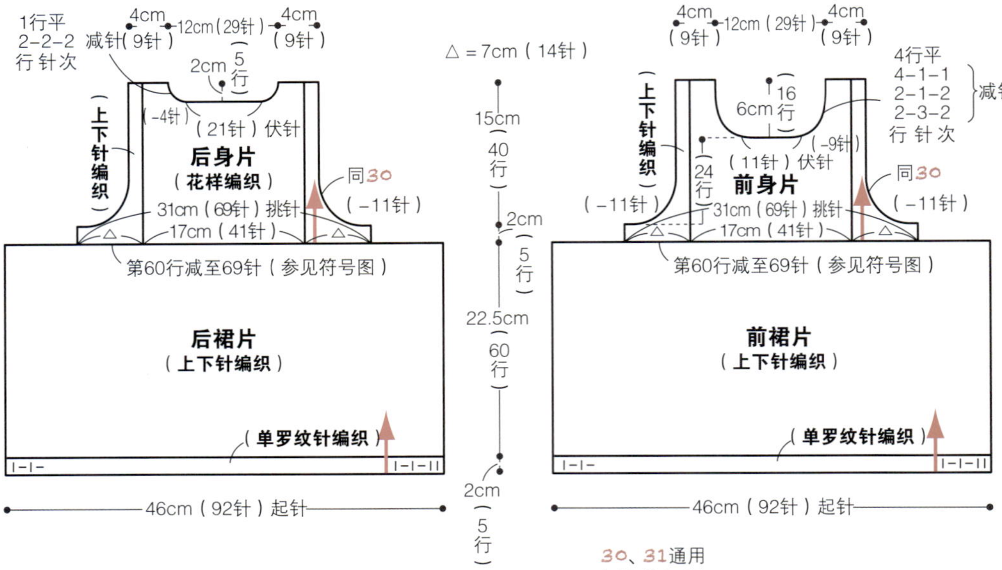

30、**31**通用
肩部的扣眼

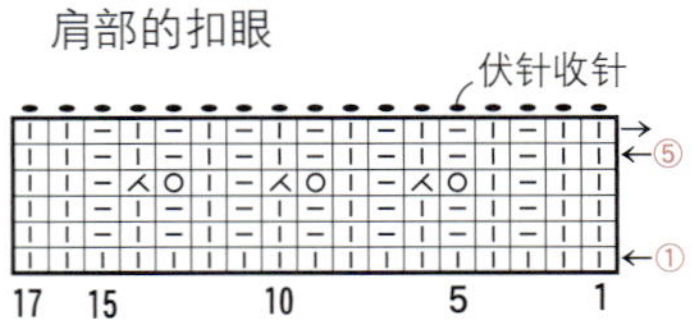

□＝Ｉ 下针

31 背心裙
前、后身片

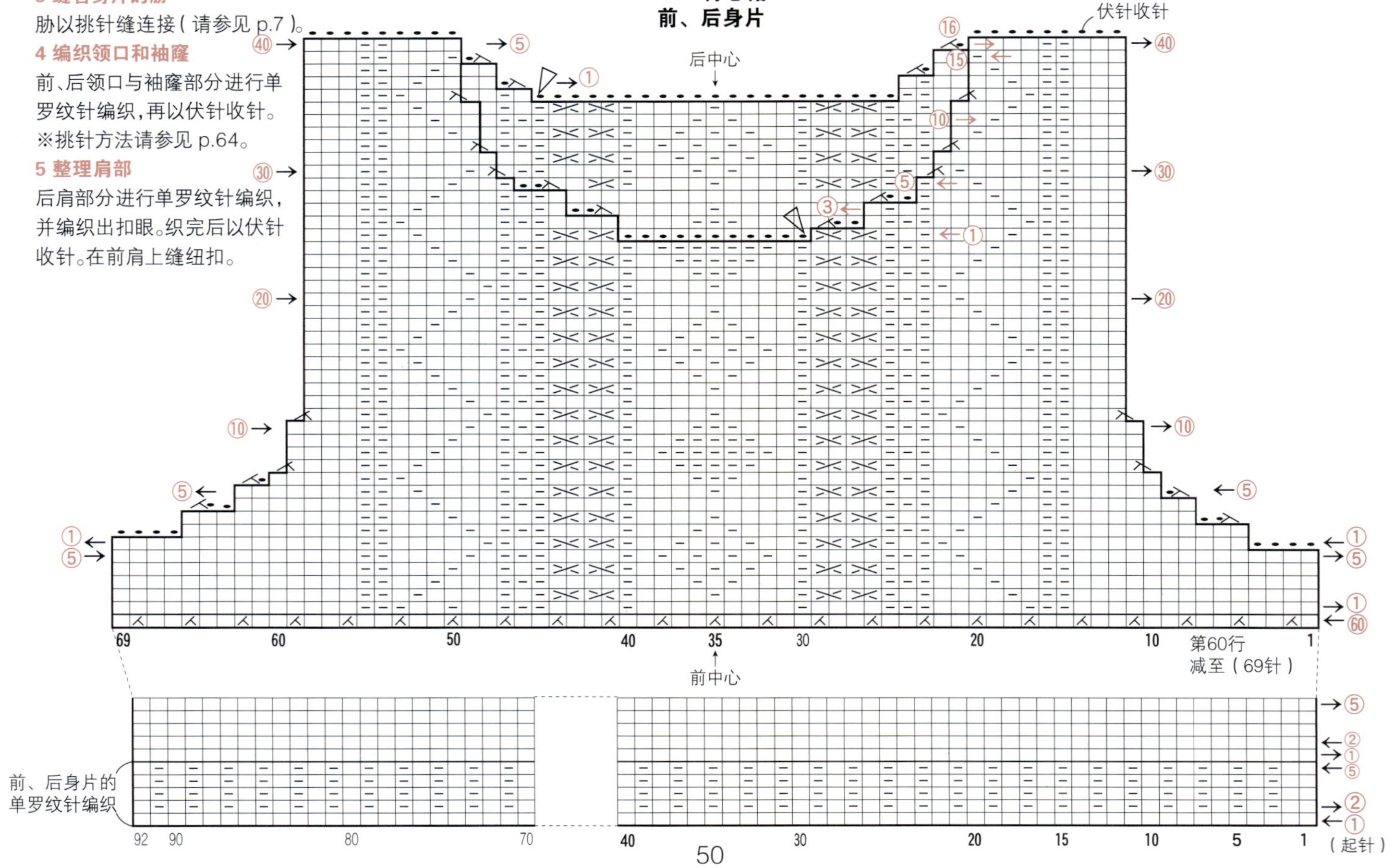

30、31 通用 领口、袖窿、肩部

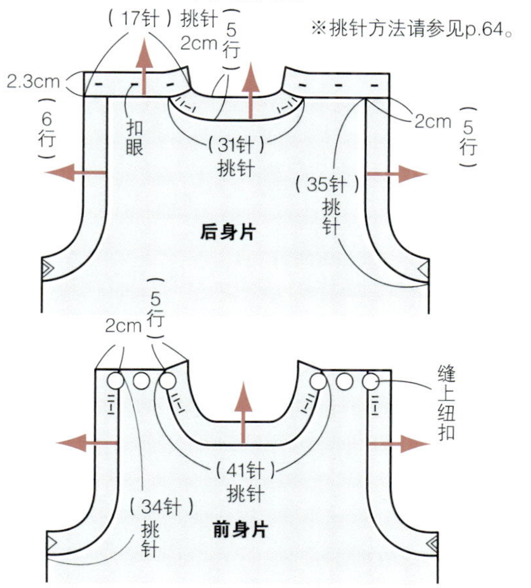

30 制图

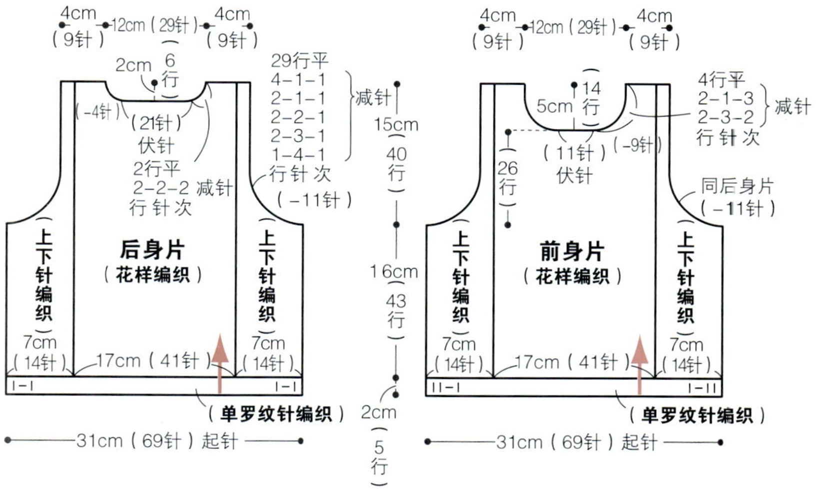

30 背心 前、后身片

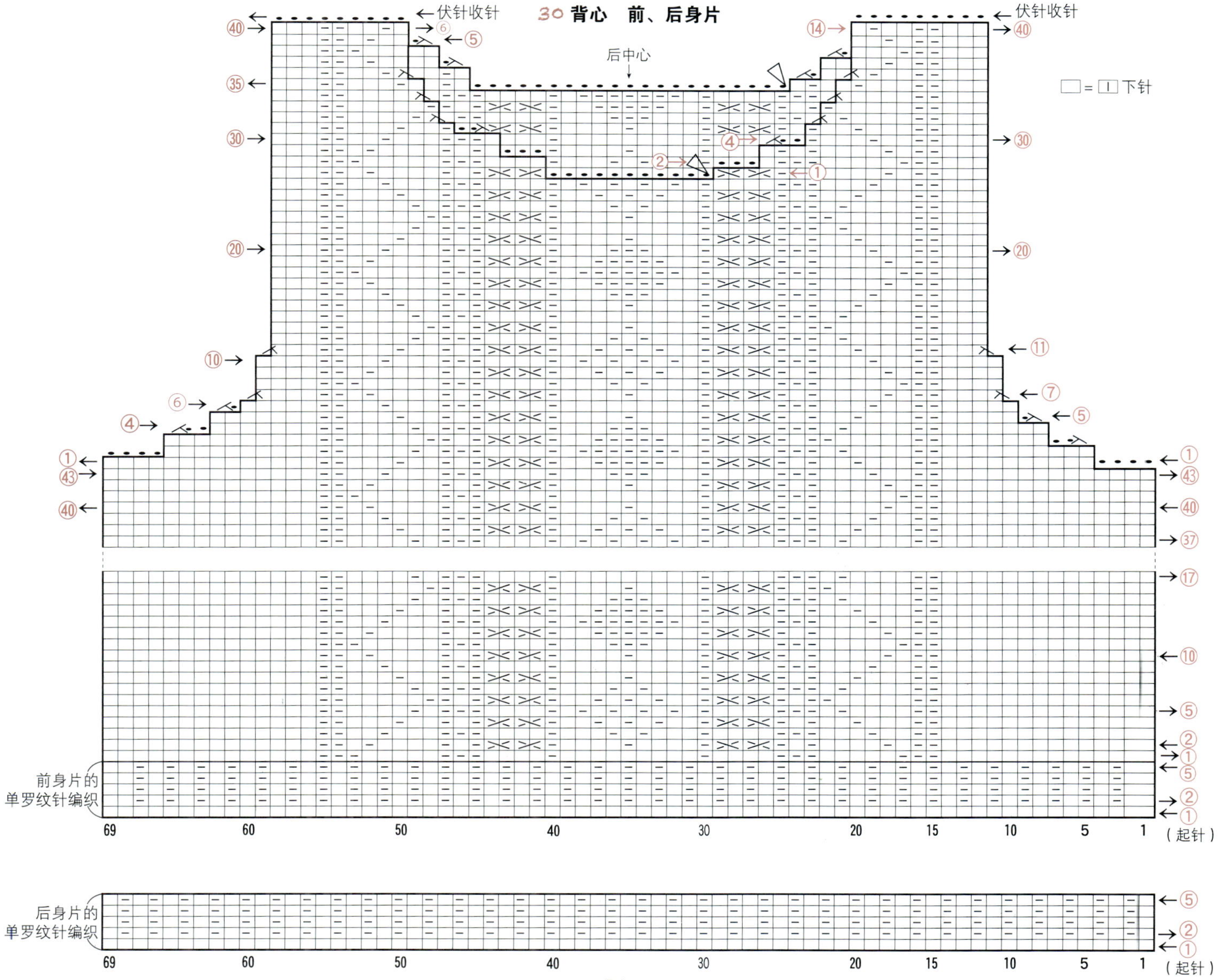

钩花镂空小开衫

这款小开衫不管长度还是款式都非常便于穿着搭配，
男女宝宝都适合穿。
设计简约，配以两个小小的口袋，既实用又可爱。

编织方法 / p.54
要点详解 / p.64

№32

12~24
个月

翻领钩花镂空小开衫

素净的主体部分配上一抹纯净的白，
更加衬托了女宝宝的纯洁美丽。
小花边的设计也让这款开衫显得更加可爱哦。

编织方法／p.54
要点详解／p.64

№33

12~24
个月

№32 №33 钩花镂空小开衫 & 翻领钩花镂空小开衫（12～24 个月）作品 / 32…p.52，33…p.53 要点详解 / p.64

● **32 的材料**
可爱宝贝 21（米绿色）…160g
直径 2cm 的纽扣…1 颗

● **33 的材料**
可爱宝贝 25（浅棕色）…155g
丘比特 6（本白色）…8g
直径 2cm 的纽扣…1 颗

● **针**
32…钩针 5/0 号
33…钩针 3/0 号、5/0 号

● **密度**
10cm×10cm 花样编织 20 针 ×8 行

● **完成尺寸**
胸围 70.5cm，背部中心到手腕长 36cm，衣长 29cm

● **编织方法**
※后身片、左右身片、袖子部分编织方法 32、33 通用。

1 编织后身片
起针编织 70 针锁针，以花样编织无加减针编织肋长 12 行。左、右袖窿各留 6 针，编织 10 行袖孔长度。第 9 行织完后，后领口减针，左、右分开编织。

2 编织前身片
※右前身片、左前身片分别编织。
起针编织 34 针锁针，编织方法同后身片。从袖孔长度的第 6 行开始进行前领口减针。左、右对称编织 2 片。

3 编织袖子
起针编织 37 针锁针，以花样编织加针编织 16 行（14 行 +2 行）。编织 2 片。2 片都要在袖口处继续编织，32 编织 3 行短针的菱形针，33 编织 3 行花边。

4 整理
肋与袖下以锁针接缝（请参见 p.6）。肩部以卷针缝缝合（请参见 p.64）。身片的袖窿与袖子正面相对叠合，以卷针缝缝合。前后领口、前后下摆、左右前襟处 32 编织短针的菱形针，33 编织花边。

5 编织口袋，固定在前身片上（仅限 32）
起针编织 19 针锁针，编织 2 片贴式口袋，以挑针缝固定在左、右前身片上。

6 编织领子，接入身片（仅限 33）
起针编织 89 针锁针，编织领子，再接在身片领口的短针的菱形针第 1 行与第 2 行的交界处。

※袖子、贴式口袋、领子的编织方法请参见 p.58。

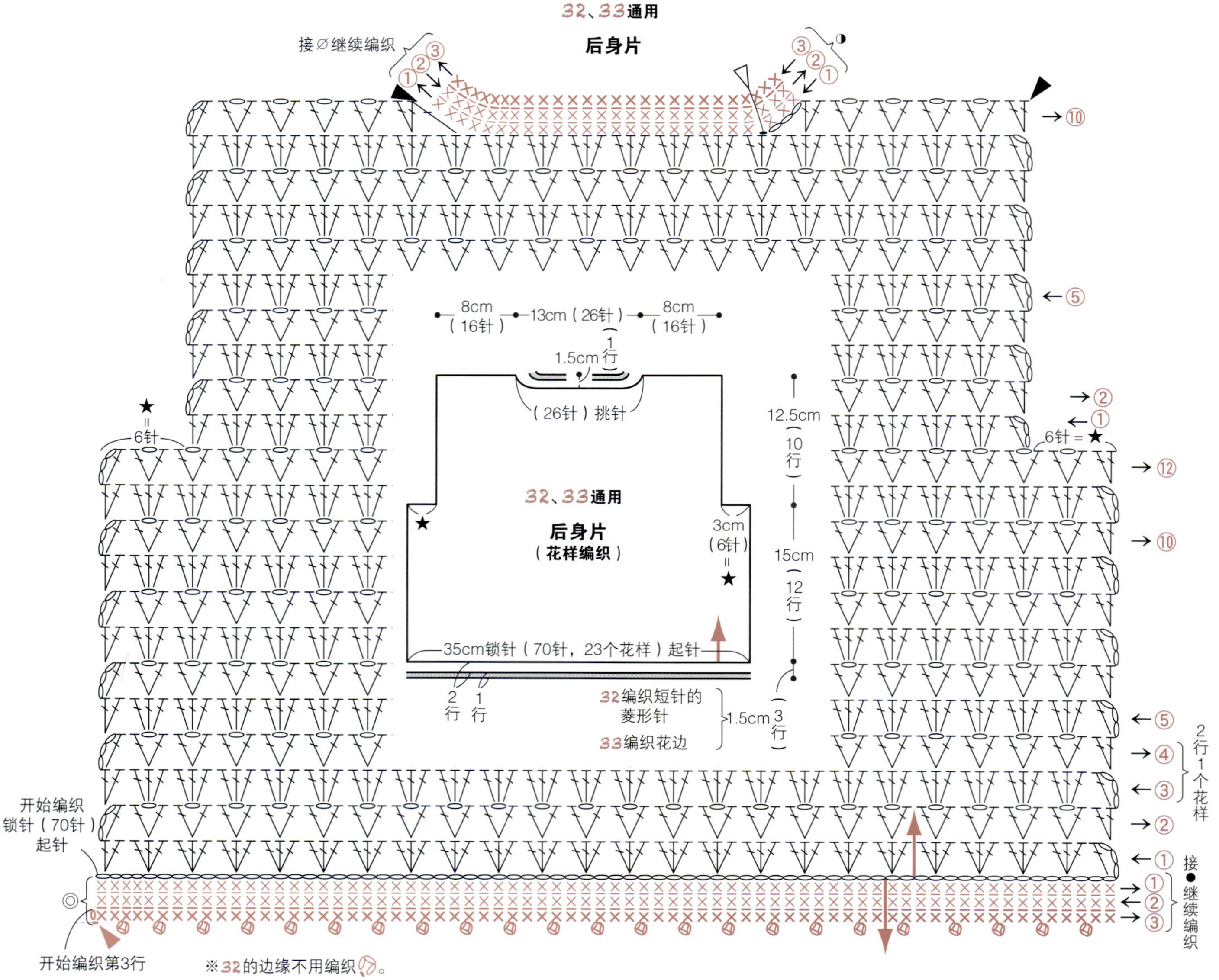

※32的边缘不用编织。

32、33通用

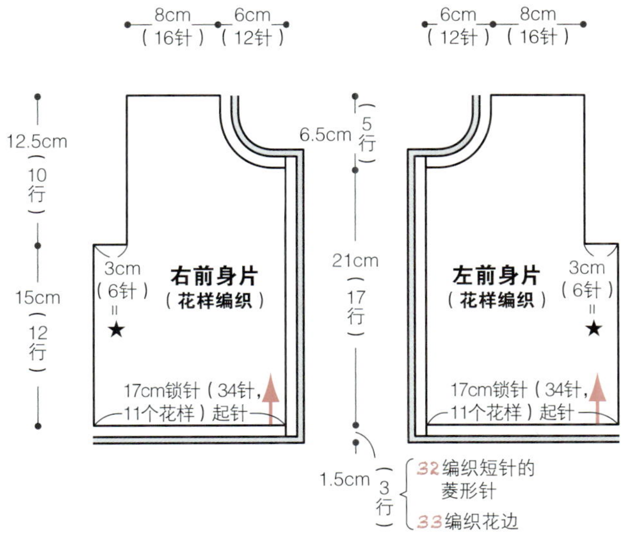

32、33通用
领口、下摆、前襟的花边的编织方法和顺序

1 按照箭头①～④的顺序编织第1、2行。
2 从箭头⑤（左胁侧）绕一圈，再编织第3行。

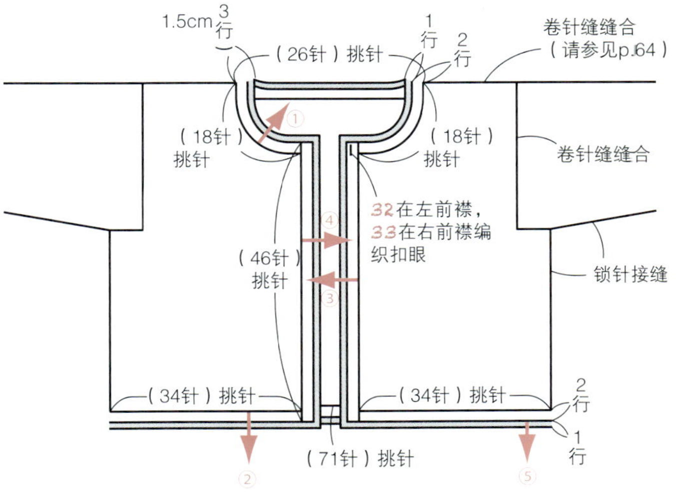

32、33通用
前身片

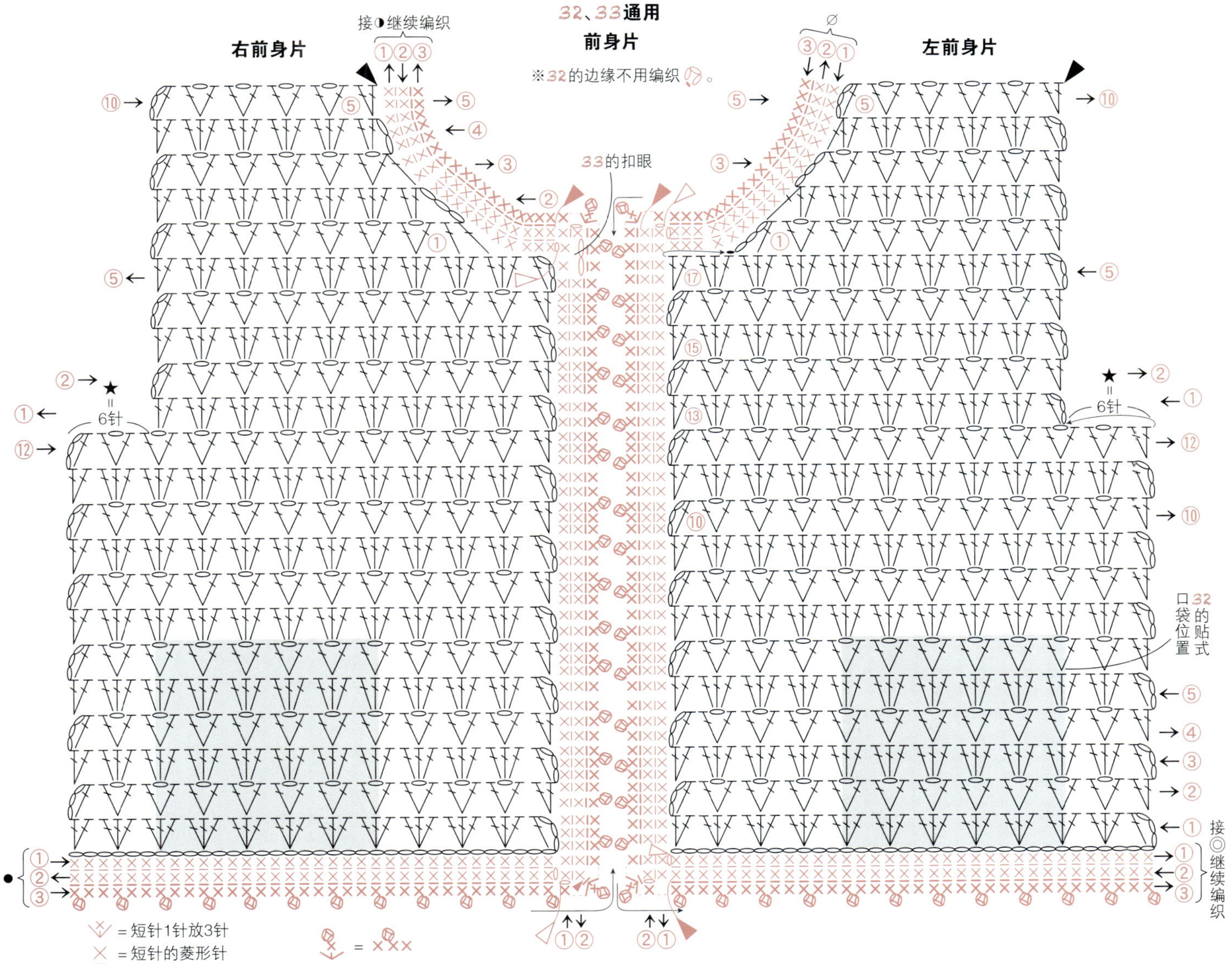

材料指南

●各种线的说明文字依次为材质 / 规格 / 线长 / 色数 / 适合针 / 价格。
●色数、价格（含税价）为 2013 年 8 月标准。
●因为印刷物的特殊性，线的颜色可能会有少许色差。
●有关用线的咨询方式请参见 p.64。

本书所用线的介绍

※ 根据国际汇率计算，1 元人民币约合 16 日元。

（实物等大图片）

可爱宝贝

可以机洗，干净环保。

丘比特

柔软的触感能给宝宝带来最舒适的享受。

可爱宝贝
60% 腈纶，40% 羊毛（美利奴羊毛）/ 40g 线团 / 约 105m /
14 色 / 钩针 5/0 号，棒针 5 号、6 号 / 483 日元

丘比特
100% 羊毛（防缩水工艺）/ 40g 线团 / 约 160m / 10 色 /
钩针 3/0 号，棒针 4 号 / 546 日元

3PLY
65% 腈纶，35% 羊毛（美利奴羊毛）/ 25g 线团 /
约 210m / 16 色 / 钩针 2/0 号，棒针 2 号 / 326 日元

LUPO
65% 人造丝，35% 聚酯纤维 / 40 线团 / 约 38m /
10 色 / 钩针 10/0 号，棒针 10 ~ 12 号 / 1029 日元

№16 №17 №18 №19 蝴蝶结胸针 & 胸花 作品 / p.29

● **16 的材料**
可爱宝贝　2（本白色）…7g
长 3.5cm 的胸针…1 个
● **针**　钩针 5/0 号
● **完成尺寸**　参见图片
● **16 的编织方法**
主体部分进行花样编织，系带以长针编织。参见整理方法进行整理，再在后侧缝上胸针即可。

● **17 的材料**
可爱宝贝　25（浅棕色）… 5g，2（本白色）…0.5g
● **18 的材料**
可爱宝贝　2（本白色）…4g，23（烟熏粉色）…0.5g
● **19 的材料**
可爱宝贝　23（烟熏粉色）…6g，2（本白色）…0.5g

● **17～19 的通用材料**
长 3.5cm 的胸针…各 1 个
● **针**　钩针 5/0 号
● **完成尺寸**　参见图片
● **17～19 的编织方法**
主体部分的编织方法 17、18、19 通用；17、18 的 1~5 行，19 的 1~7 行要参见配色表用指定颜色的线编织。在反面缝上胸针。

16　蝴蝶结（主体部分）

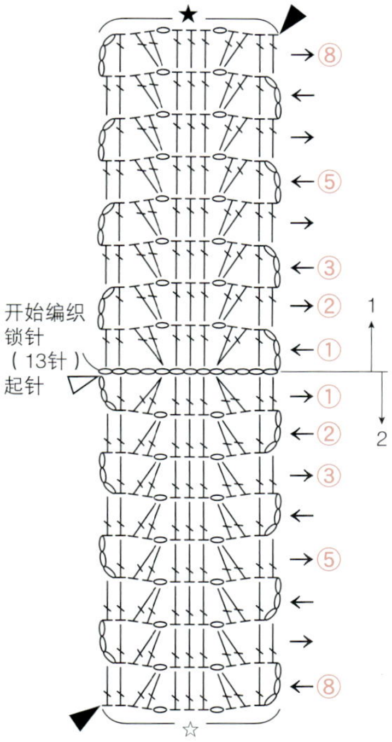

16　系带
（长针）

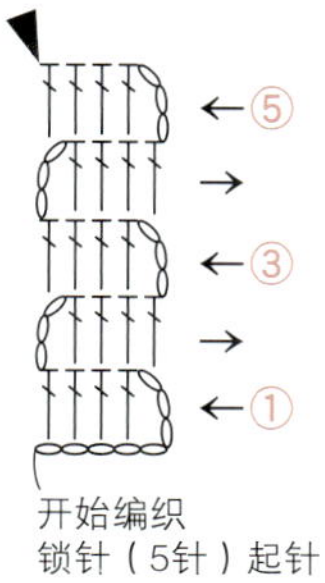

整理方法

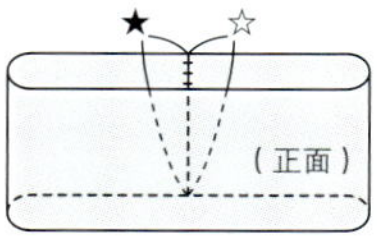

① 在主体部分编织终点侧，将★与☆标记处相对折叠，再以卷针缝缝合（请参见p.64）。

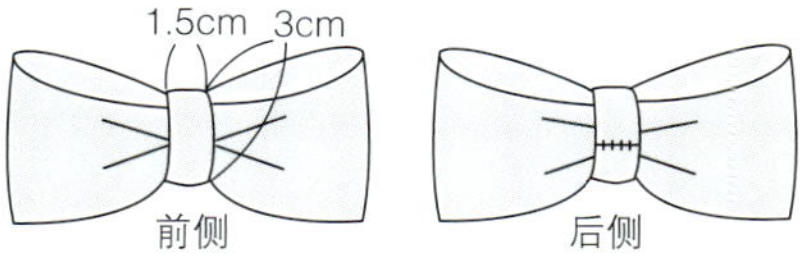

② 用系带在主体部分的中间绕一圈并拉紧，在后侧缝合系带。

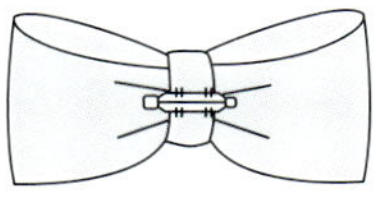

③整理中间的缝褶后，再将胸针缝在后侧，稍做整理即可。

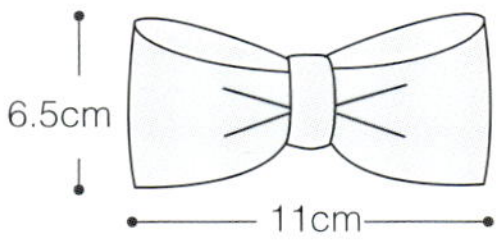

胸花　17、18、19通用　19 = 编织1~7行
17、18 = 编织1~5行

※第4行要挑第2行的短针、第6行要挑第4行的短针进行编织。

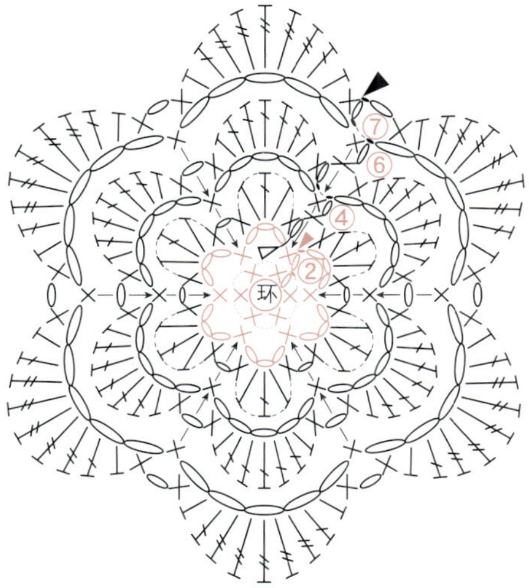

胸花配色表

胸花	1～2行	3～5行	6～7行
17	本白色	浅棕色	
18	烟熏粉色	本白色	
19	本白色	烟熏粉色	烟熏粉色

缝上胸针的方法　※17、18、19通用。

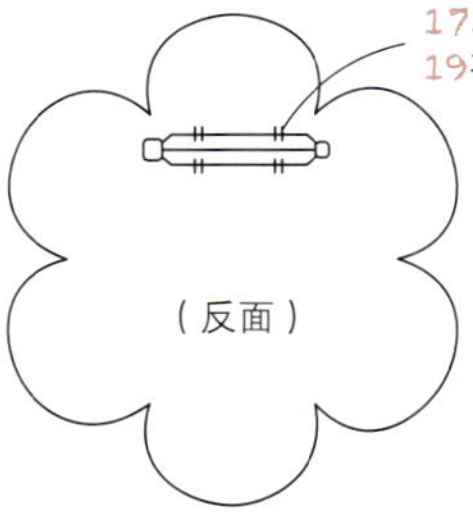

19

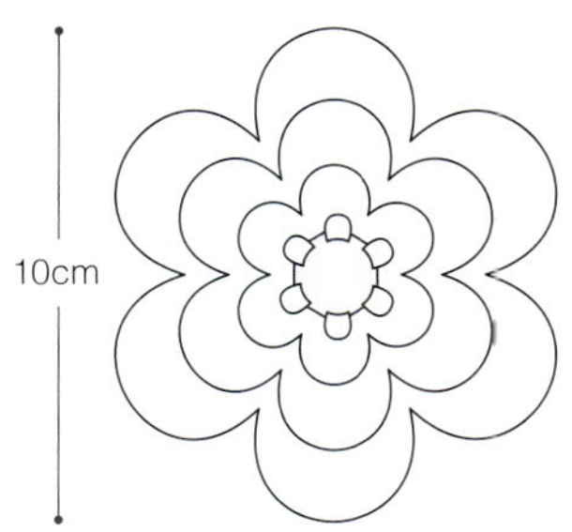

17、18通用

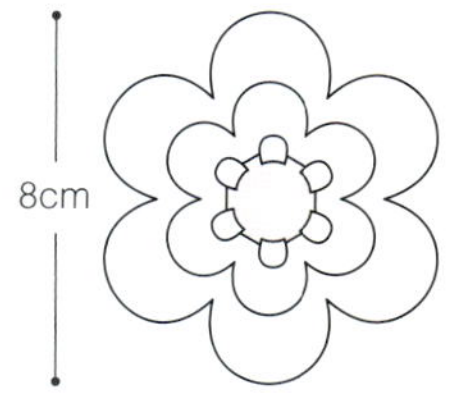

※上接p.55

32、33通用　袖子

※32的边缘不用编织 。

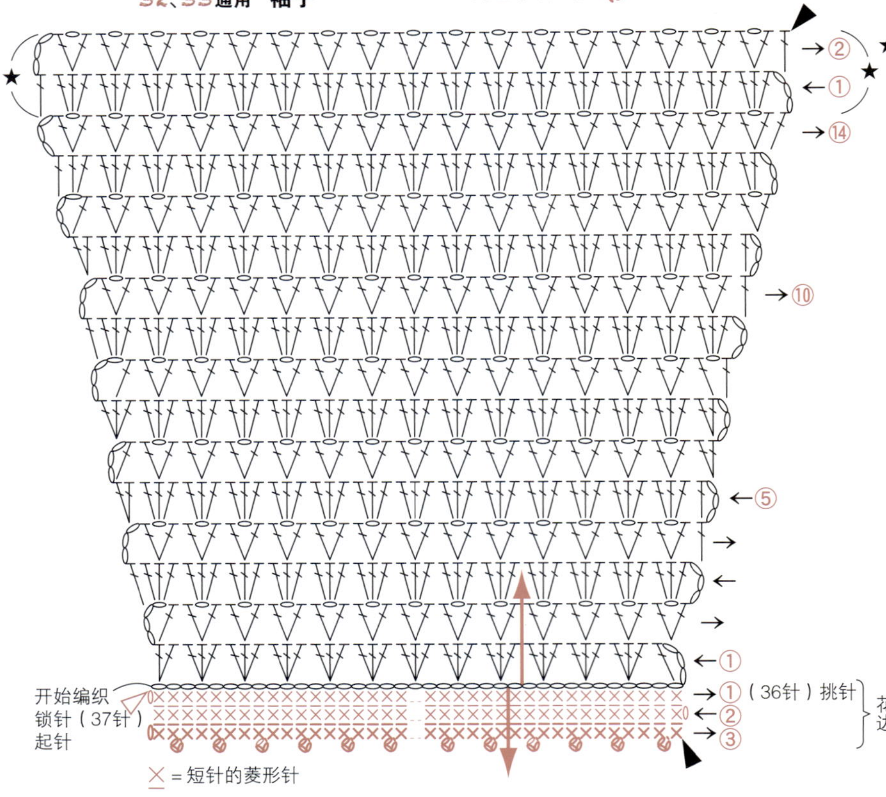

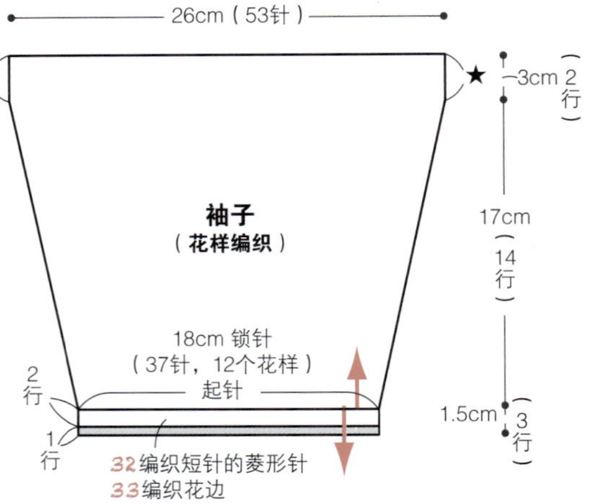

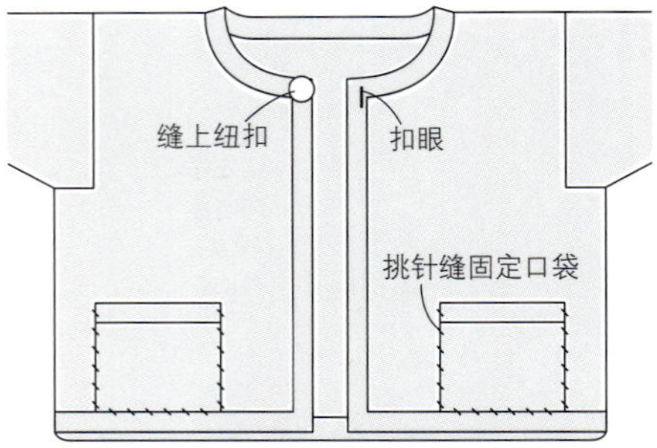

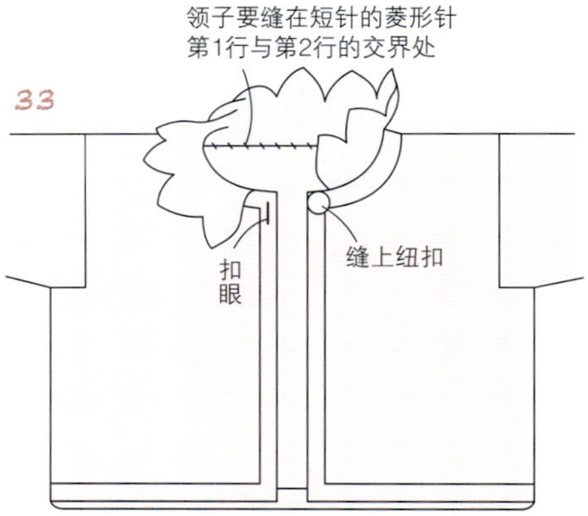

32 贴式口袋　2片

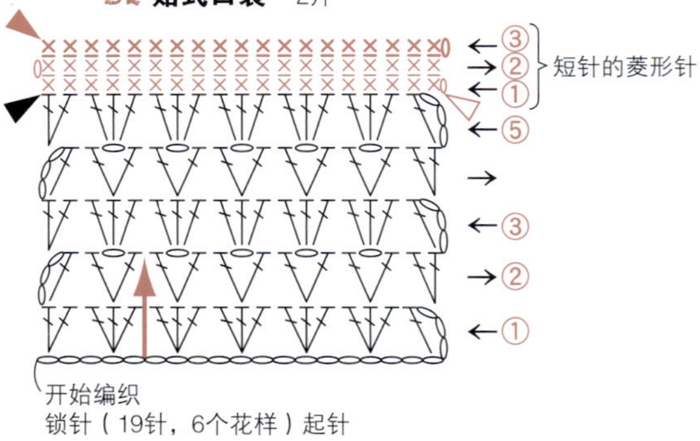

32 贴式口袋

米绿色　2片

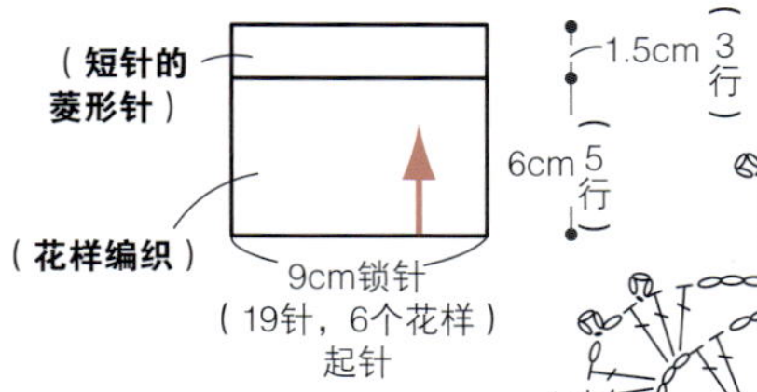

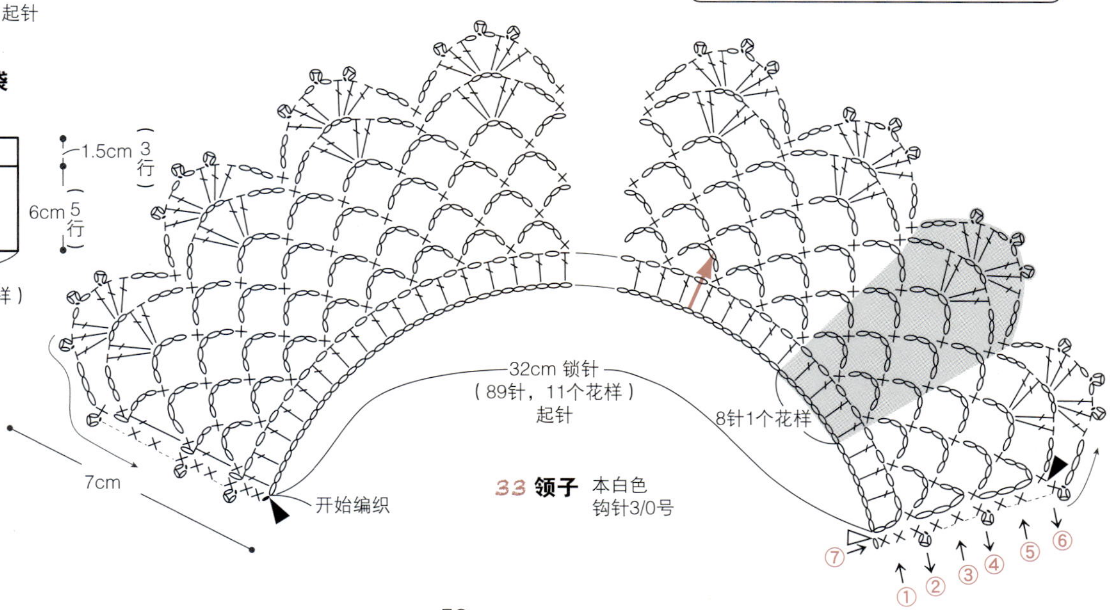

33 领子　本白色
钩针3/0号

基础教程

钩针编织基础

看符号图的方法

符号图都是以从正面所见来表示的，且全部使用日本工业规格（JIS）所规定的针法符号。
钩针编织不分上针、下针（拉针除外），要交替看着正、反两面编织的平针其表示符号也一样。

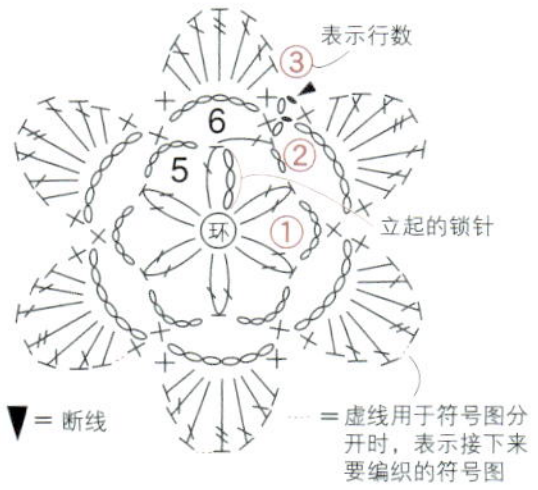

从中心开始环形编织时

在中心编织一个环（或者锁针环），要像画圆一样逐行编织。每行的起针处都是先编织立起的锁针，再往下编织。一般都是看着织片的正面，再对照符号图从右往左编织。

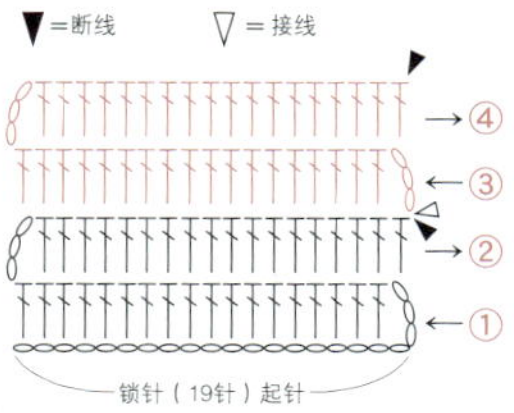

平针编织时

其特点是左右轮流编织立起的锁针。当在右侧编织立起的锁针时，要看着织片的正面，对照符号图从右往左编织。当在左侧编织立起的锁针时，要看着织片的反面，对照符号图从左往右编织。左图为从第3行换成配色线的符号图。

看锁针的方法

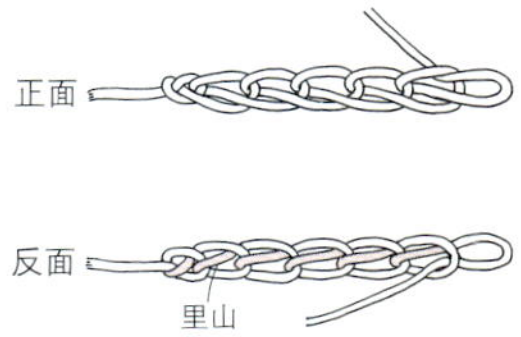

锁针有正、反面之分。反面正中的一根渡线称为锁针的‘里山”。

手握针线的方法

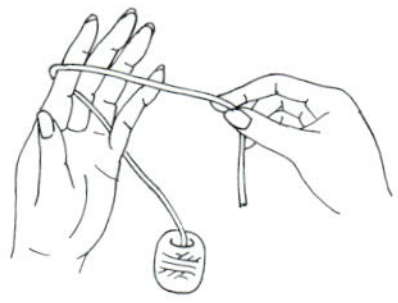

1 从左手的小指与无名指之间穿过线后，挂在食指上拉住线头。

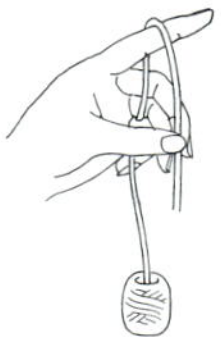

2 用拇指与中指捏住线头，竖起食指将线架起。

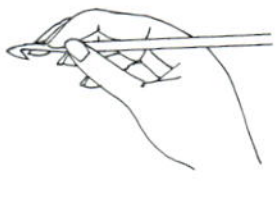

3 用右手的拇指与食指握针，针头轻抵中指。

起基本针的方法

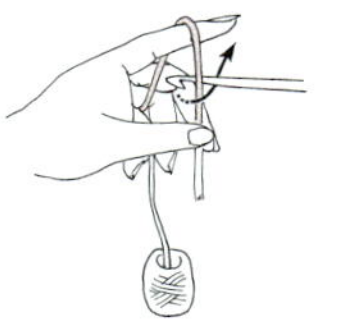

1 从线的内侧插入钩针，按照箭头所示方向转动针头。

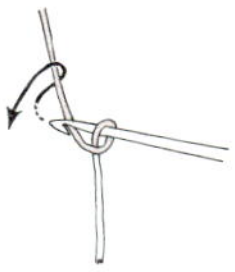

2 再将线挂在针头上。

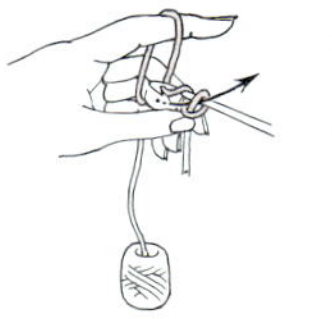

3 将挂线从钩针上的线圈中引出。

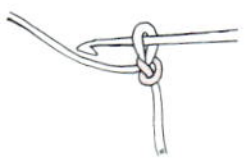

4 拉动线头，收紧线圈，就完成了基本针（这一针不计入针数）。

起针

从中心开始环形编织时
（用线头做圆环）

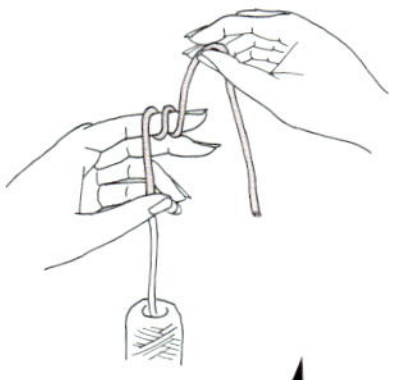

1 将线在左手的食指上绕2圈形成环。

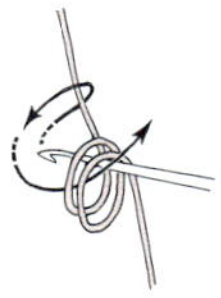

2 将环从手指上脱出，在环中心插入钩针，挂线后引出。

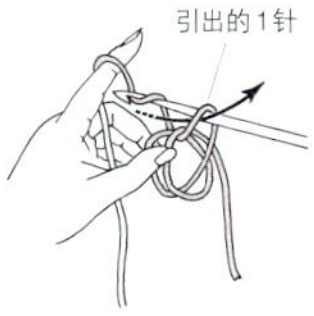

3 再次挂线后引出，编织1针立起的锁针。

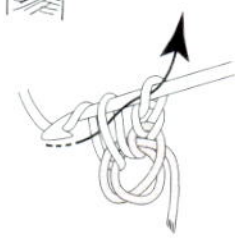

4 编织第1行时，在环中心插入钩针，挂线后引出，然后编织所需针数的短针。

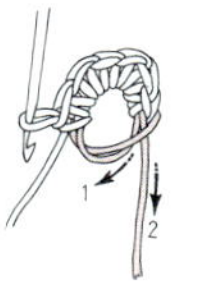

5 暂时将针抽出，拉动最开始的线环的线（1）和线头（2），将环拉紧。

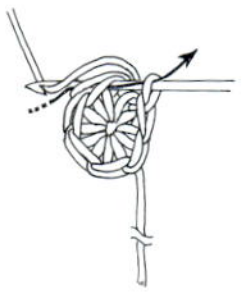

6 第1行要完成时，在最开始的短针的头针处入针，挂线后引出。

平针编织时

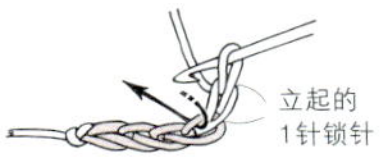

1 编织所需针数的锁针和立起的锁针，如图从一端的第2针锁针处入针，挂线后引出。

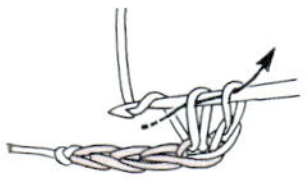

2 在钩针上挂线，按照箭头所示方向引拔出线。

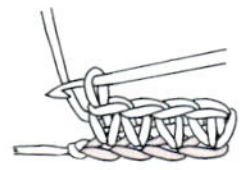

3 第1行完成的状态（立起的1针锁针不计入针数）。

挑前一行针目的方法

即使是同一种枣形针，符号图不同，挑针的方法也会不同。如果符号图下方是闭合的，则要织入前一行的1个针目里；如果符号图下方是开放的，则要将前一行的锁针成束挑起再编织。

织入1个针目里

1

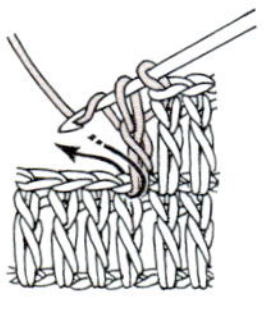

2

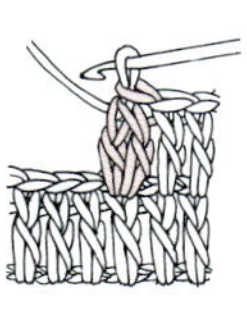

将锁针成束挑起再编织

1

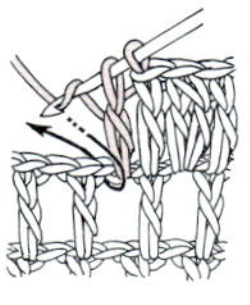

2

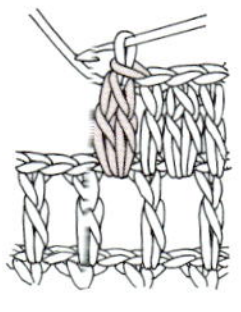

编织符号

锁针

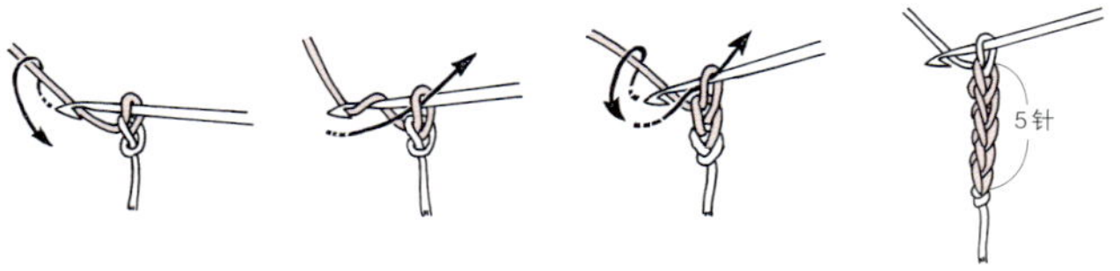

1 编织基本针（请参见 p.59）后，在钩针上挂线。

2 引出挂线，完成 1 针锁针。

3 重复步骤 1 和步骤 2，继续编织。

4 完成 5 针锁针。

引拔针

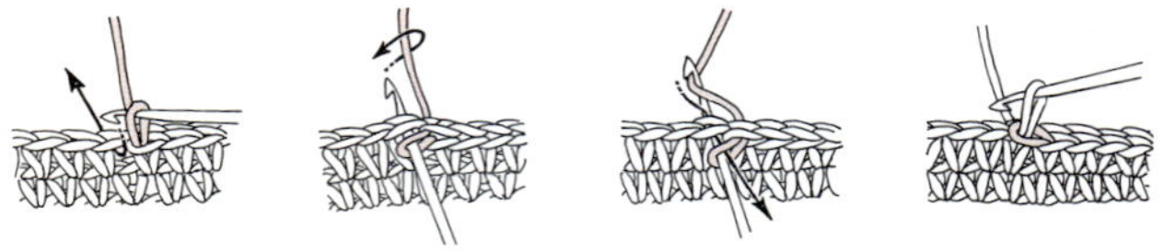

1 从前一行的针目中入针。

2 在钩针上挂线。

3 将线一次性引拔出。

4 完成 1 针引拔针。

短针

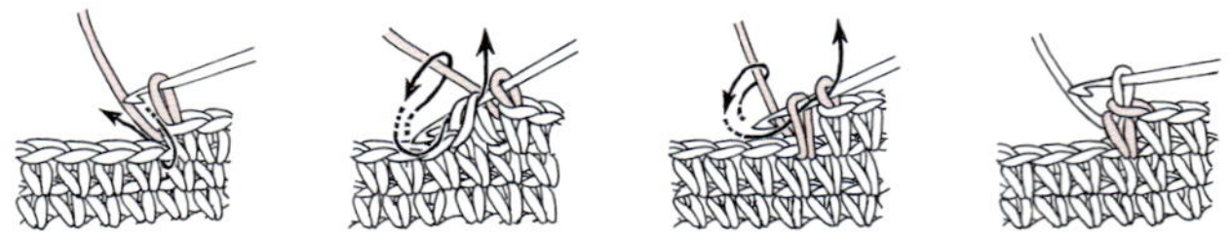

1 从前一行的针目中入针。

2 在针上挂线，按照箭头所示从线圈中引拔出线。

3 再次在针上挂线，从钩针上 2 个线圈中一起引拔出线。

4 完成 1 针短针。

中长针

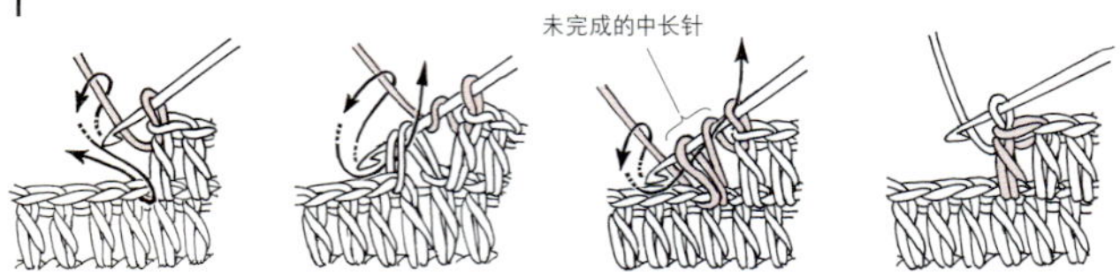

1 先在钩针上挂线，再从前一行的针目中入针。

2 再次在针上挂线后引出（称为未完成的中长针）。

3 再次挂线，从钩针上 3 个线圈中一起引拔出线。

4 完成 1 针中长针。

长针

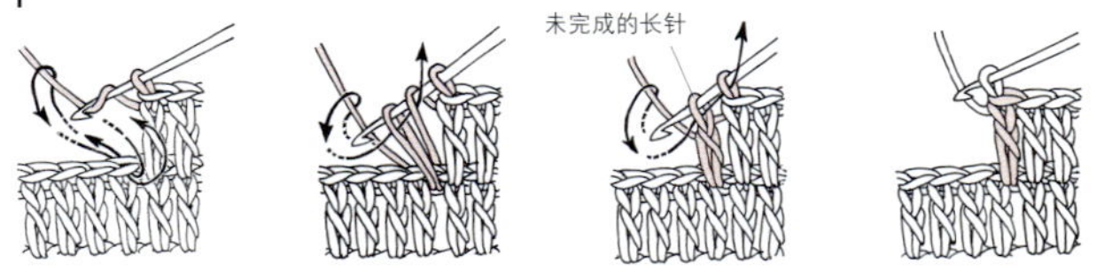

1 先在钩针上挂线，然后从前一行的针目中入针，再次挂线后引出。

2 按照箭头所示在针上挂线后，仅从钩针上 2 个线圈中引拔出线（称为未完成的长针）。

3 再次在针上挂线后，从钩针上剩余的 2 个线圈中按照箭头所示引拔出线。

4 完成 1 针长针。

长长针

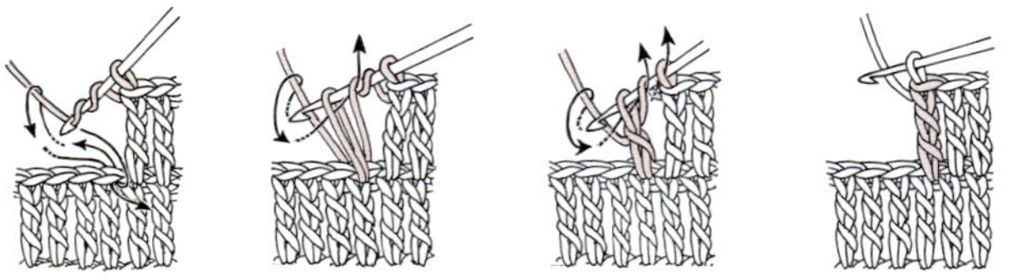

1 在钩针上绕线 2 圈，从前一行的针目中入针，挂线后引出。

2 按照箭头所示在针上挂线后，仅从钩针上 2 个线圈中引拔出线。

3 步骤 2 重复 2 次。图为未完成的长长针仅重复 1 次的状态。

4 完成 1 针长长针。

短针 2 针并 1 针

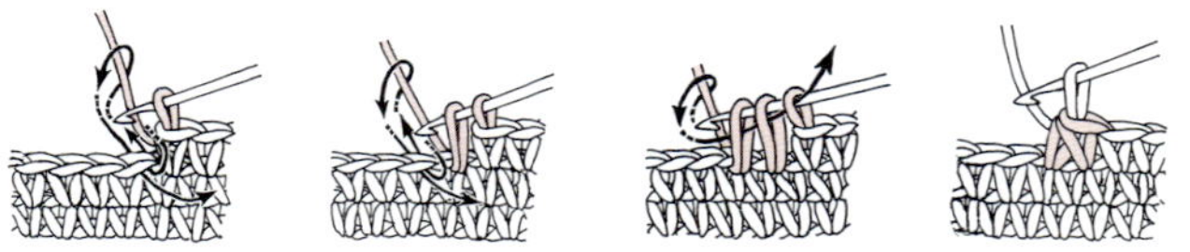

1 按照箭头所示从前一行的 1 针中入针，在针上挂线后引出。

2 下一针也按照相同方法挂线后引出。

3 在针上挂线，按照箭头所示从钩针上 3 个线圈中一起引拔出线。

4 短针 2 针并 1 针完成。图为比前一行少 1 针的状态。

短针 1 针放 2 针

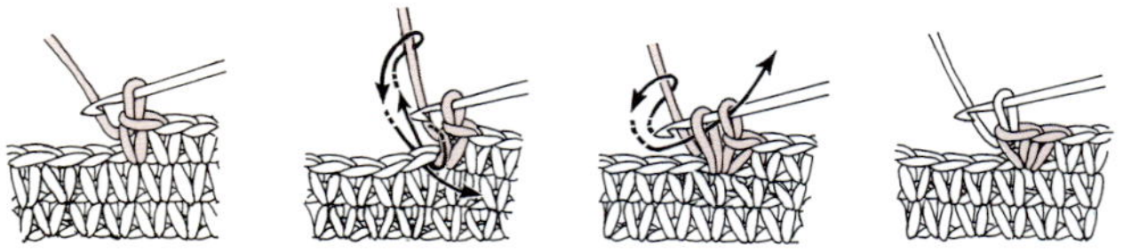

1 编织 1 针短针。

2 在同一针目中再次入针，挂线后引出。

3 在针上挂线，从钩针上 2 个线圈中一起引拔出线。

4 在前一行的 1 针里织入了 2 针短针。图为比前一行多 1 针的状态。

短针 1 针放 3 针

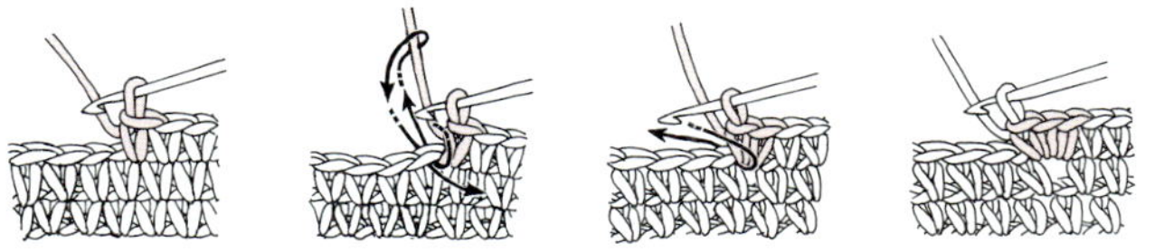

1 编织 1 针短针。

2 在同一针目中再编织 1 针短针。

3 图为编织完短针 1 针放 2 针的状态。然后再在同一针目中编织 1 针短针。

4 在前一行的 1 针里织入了 3 针短针。图为比前一行多 2 针的状态。

锁针 3 针的狗牙拉针

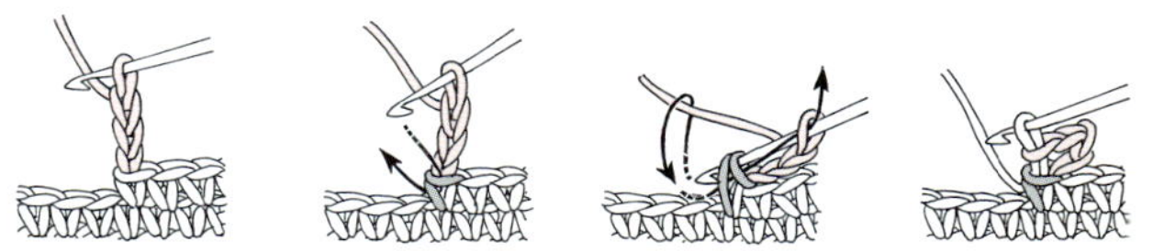

1 编织 3 针锁针。

2 在短针头针的半针和尾针 1 根线中入针。

3 在针上挂线，按照箭头所示一次性引拔出线。

4 完成锁针 3 针的狗牙拉针。

长针 2 针并 1 针

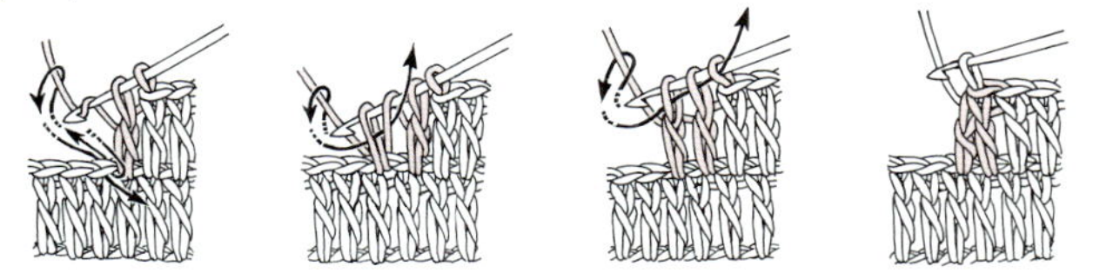

1 在前一行的针目里编织 1 针未完成的长针，挂线后按照箭头所示在下一个针目中入针，再次挂线后引出。

2 在针上挂线，仅从钩针上 2 个线圈中引拔出线，编织第 2 针未完成的长针。

3 在针上挂线，按照箭头所示从钩针上 3 个线圈中一起引拔出线。

4 长针 2 针并 1 针完成。图为比前一行少 1 针的状态。

长针 1 针放 2 针

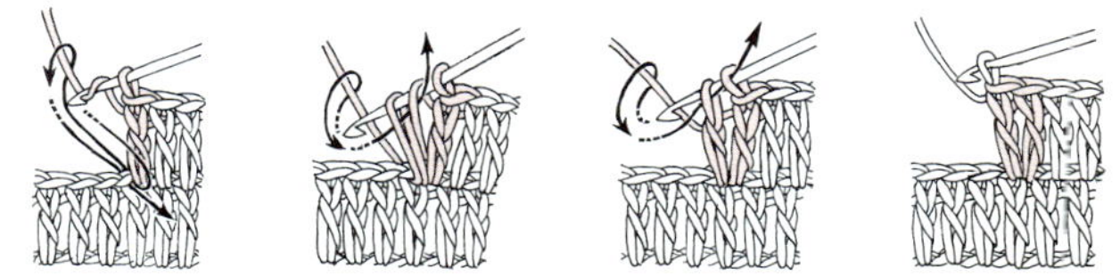

1 在前一行的针目里编织 1 针长针，挂线后将钩针插入同一针目中，再次挂线后引出。

2 在针上挂线，从钩针上 2 个线圈中引拔出线。

3 再次在针上挂线，从钩针上剩余的 2 个线圈中引拔出线。

4 在 1 针里织入了 2 针长针。图为比前一行多 1 针的状态。

短针的菱形针

※ 每行编织短针的菱形针时都要改变织片的方向。

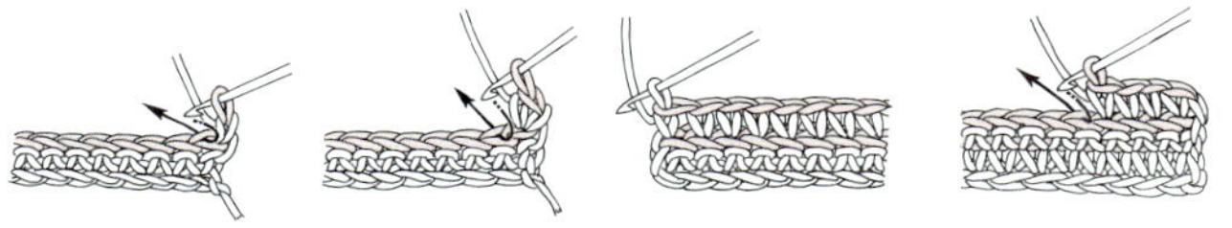

1 按照箭头所示从前一行针目外侧的横线（半针）中入针。

2 编织短针，下一针也同样从外侧的半针中入针。

3 织完一行，要变换织片方向。

4 重复步骤 1 和步骤 2，从外侧的半针中入针编织短针。

短针的条纹针

※ 每行都是朝着同一方向编织短针的条纹针。

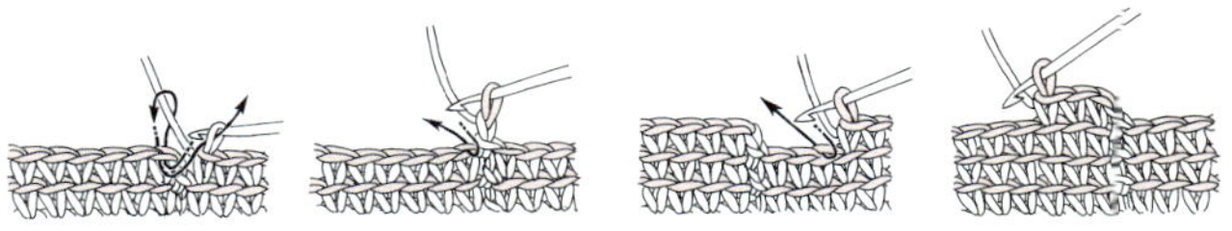

1 看着每行的正面编织。按照箭头所示方向绕转一圈后编织短针，从钩针上最开始的针目中引拔出。

2 编织 1 针立起的锁针，将前一行外侧的半针挑起，编织短针。

3 重复步骤 2，继续编织短针。

4 前一行剩下的内侧的半针连在一起形成了条纹的样子。图为编织第 3 行短针的条纹针的状态。

长针 3 针的枣形针

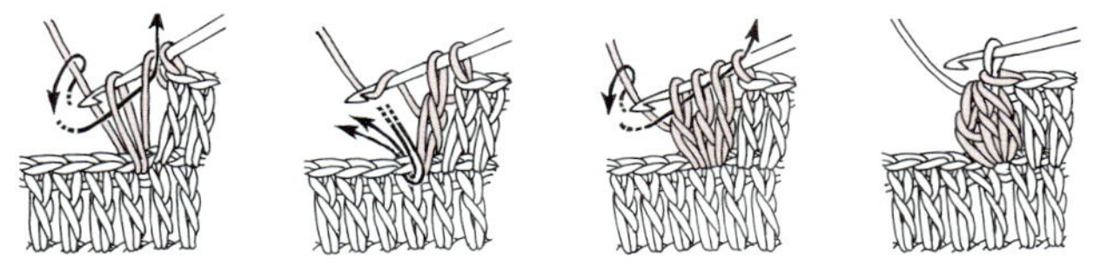

1 在前一行的针目里编织 1 针未完成的长针（请参见 p.60）。

2 在同一针目中入针，继续编织 2 针未完成的长针（共计 3 针）。

3 在针上挂线，从钩针上 4 个线圈中一起引拔出线。

4 完成长针 3 针的枣形针。

变化的中长针 3 针的枣形针

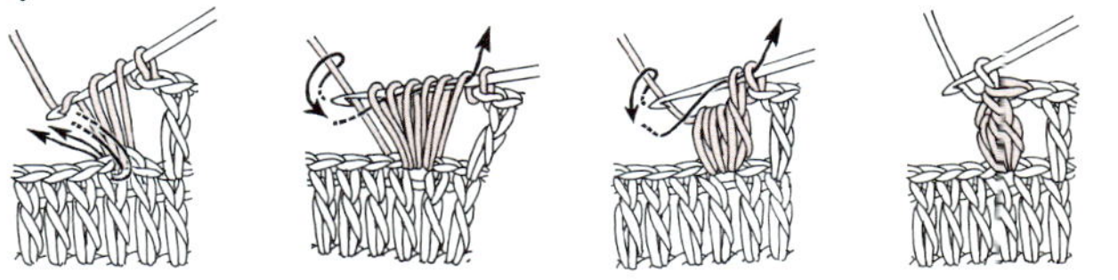

1 在针上挂线，从前一行的针目中入针，编织 3 针未完成的中长针（请参见 p.60）。

2 在针上挂线，按照箭头所示从钩针上 6 个线圈中引拔出线。

3 再次在针上挂线，从钩针上剩余的 2 个线圈中一起引拔出线。

4 变化的中长针 3 针的枣形针完成。

看符号图的方法

符号图都是以从正面所见来表示的，且全部使用日本工业规格（JIS）所规定的针法符号。进行棒针编织的平编时，奇数行要看着正面，对照符号图从右往左编织；偶数行要看着织片的反面，对照符号图从左往右进行反向的编织（看到符号图的下针符号编织上针，看到上针符号编织下针）。本书起针行为第1行。

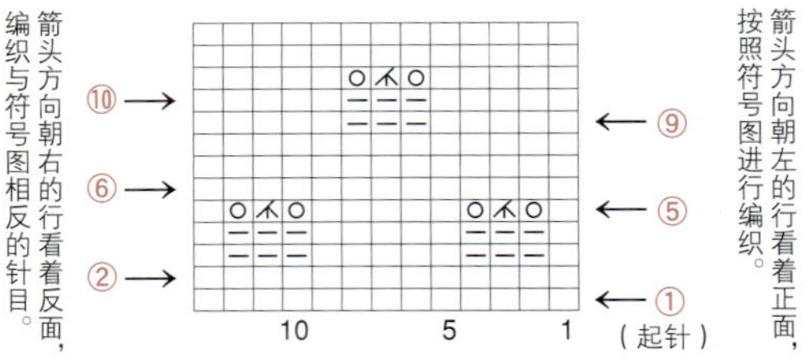

□＝⏐ 下针（空格表示编织下针）

本书所使用的起针方法

起基本针的方法

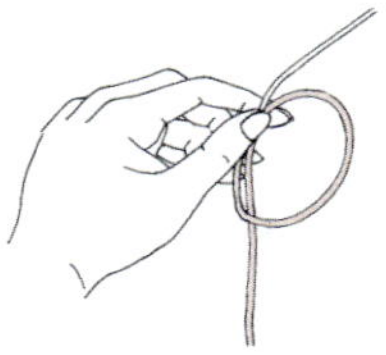

1 用线头在约为编织宽度3倍的位置起一个环。

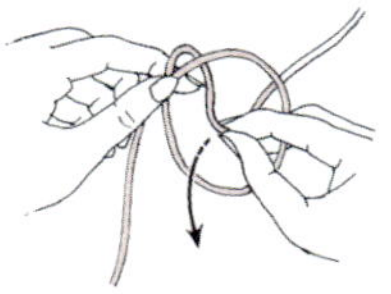

2 用右手的大拇指和食指从环中拉出线。

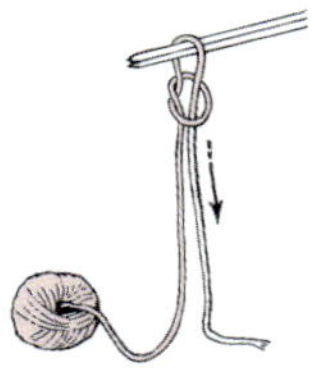

3 将2根棒针对齐插入刚才拉出的线中，拉动线头，收紧线圈。基本针完成。

起针（第1行）

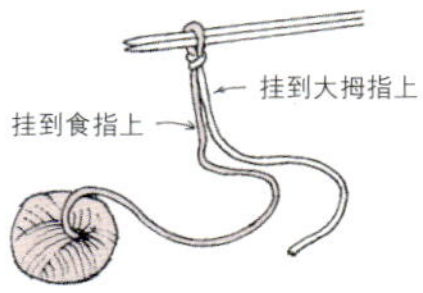

1 基本针完成后将线团侧部分挂到左手食指上，线头部分挂到大拇指上。

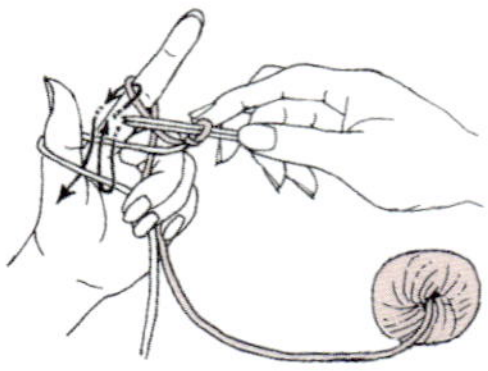

2 按照箭头所示将线绕到棒针上。

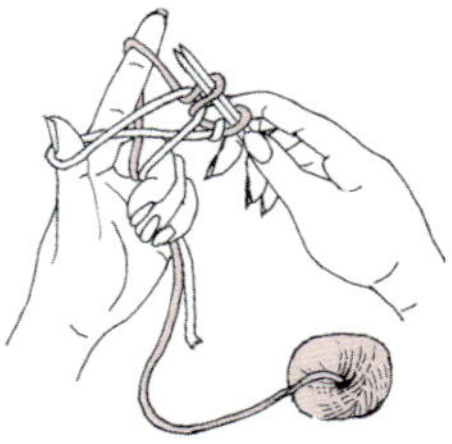

3 轻轻抽出大拇指，松开线。

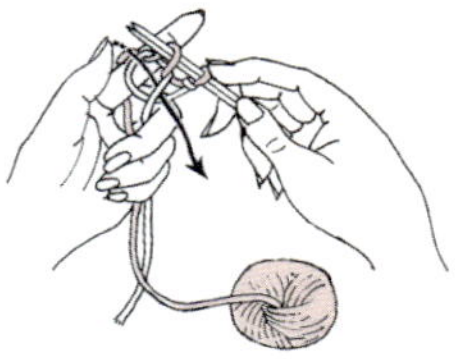

4 按照箭头所示在大拇指上挂线，并拉紧棒针上新形成的线。

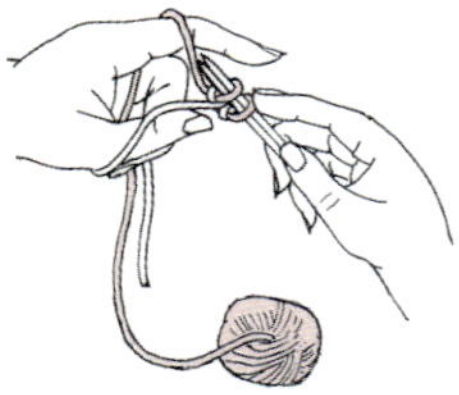

5 第2针完成。从第3针开始重复步骤2~4。

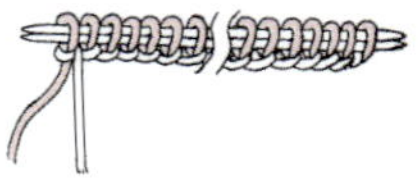

6 起针（第1行）完成。抽出1根棒针，接下来用这根棒针进行编织。

编织符号

| 下针

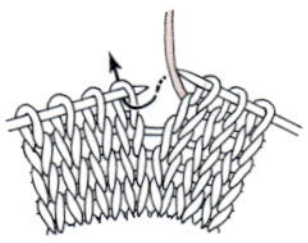

1 将线置于织片后侧，右针按照箭头所示，从织片前侧插入左针针目。

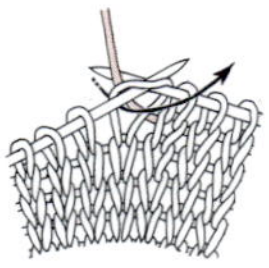

2 在右针上挂线，然后按照箭头所示往靠近身体的方向引拔。

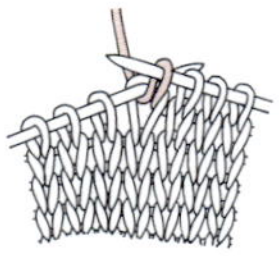

3 用右针将挂线引出后，松开左针。

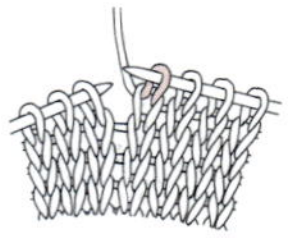

4 下针完成。

— 上针

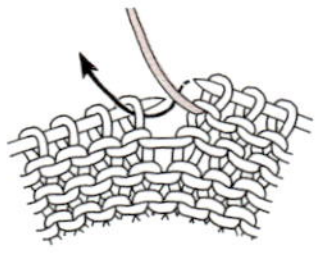

1 将线置于织片前侧，右针按照箭头所示，从织片后侧插入左针针目。

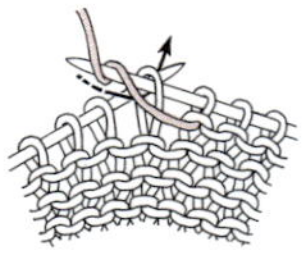

2 如图所示在右针上缠绕挂线，按照箭头所示往离开身体的方向引拔。

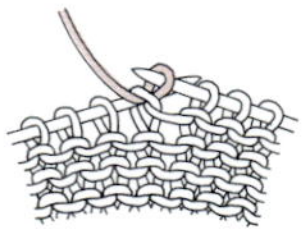

3 用右针将挂线引出后，松开左针。

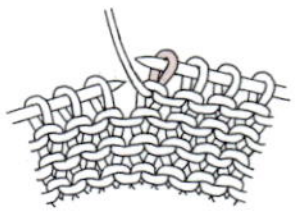

4 上针完成。

挂针

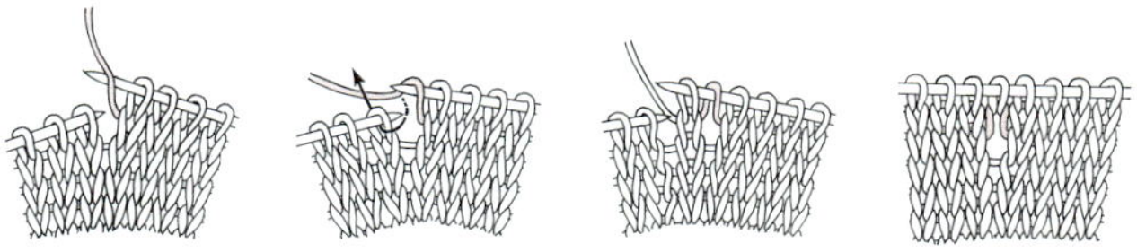

1 将线置于织片前侧。

2 如图所示将线从前侧挂到右针上，再将右针按照箭头所示插入下一个针目进行编织。

3 挂针 1 针、下针 1 针织好后如图所示。

4 下一行织好后如图所示。挂针处有一个孔，成为 1 针加针。

右上 2 针并 1 针

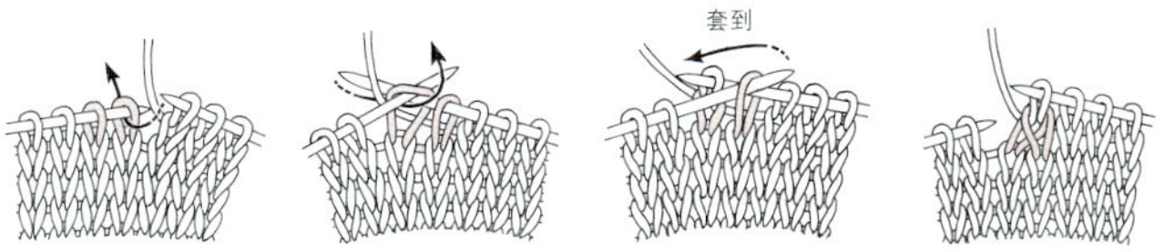

1 按照箭头所示，将右针从织片前侧插入左针针目，然后不用编织直接将左针上的针目移到右针上。

2 将右针插入左针的下一个针目中，挂线编织下针。

3 将左针插入步骤 1 中移到右针上的针目中，按照箭头所示套到刚织好的下针上。

4 右上 2 针并 1 针完成。

伏针（伏针收针）

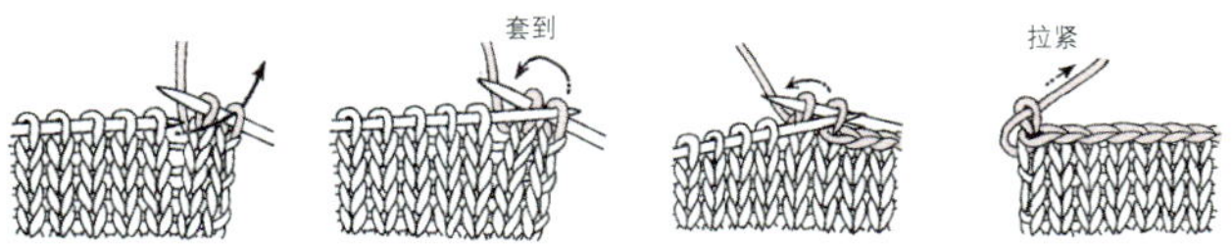

1 左针上的前 2 针编织下针，再将左针按照箭头所示插入右针上右侧的针目中。

2 如图所示将右侧的针目套到相邻的针目上。

3 左针上的针目再编织 1 针下针，并将右针上的针目套到该针目上。重复此操作。

4 如图所示将线头从收针针目中穿过，拉紧。

右上 1 针交叉

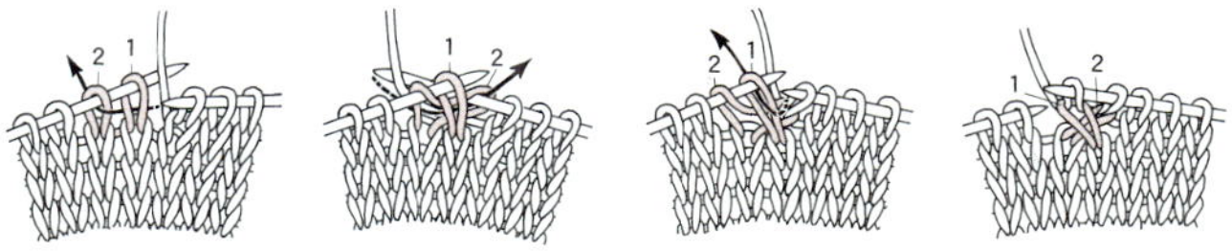

1 按照箭头所示，将右针从针目 1 后侧插入针目 2。

2 挂线后按照箭头所示引出（编织下针）。

3 保持针目 2 挂在左针上不动，将右针按照箭头所示插入针目 1 并编织下针。

4 松开针目 2，右上 1 针交叉完成。

中上 3 针并 1 针

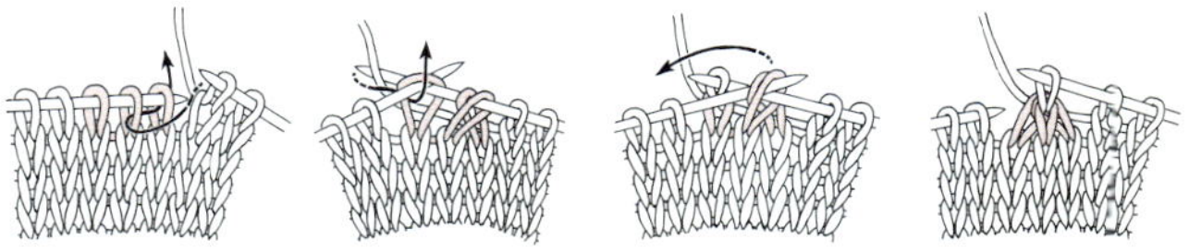

1 按照箭头所示，将右针插入左针上的 2 个针目中，不用编织直接将针目移到右针上。

2 将右针插入左针上第 3 个针目中，挂线后编织下针。

3 将左针插入步骤 1 中移到右针上的 2 个针目中，按照箭头所示套到刚织好的下针上。

4 中上 3 针并 1 针完成。

左上 2 针并 1 针

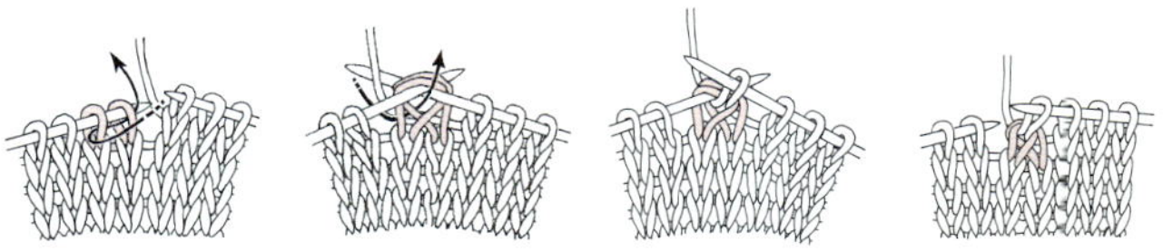

1 按照箭头所示，将右针插入左针上的 2 个针目中。

2 按照箭头所示挂线，2 针同时编织下针。

3 用右针将挂线引出后，松开左针。

4 左上 2 针并 1 针完成。

左上 1 针交叉

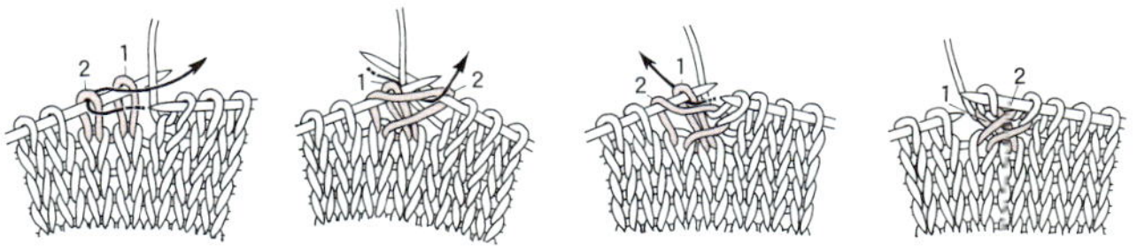

1 按照箭头所示，将右针从针目 1 前侧插入针目 2。

2 将针目 2 拉长到右侧，挂线后编织下针。

3 保持针目 2 挂在左针上不动，针目 1 编织下针。

4 松开针目 2，左上 1 针交叉完成。

右上 3 针交叉

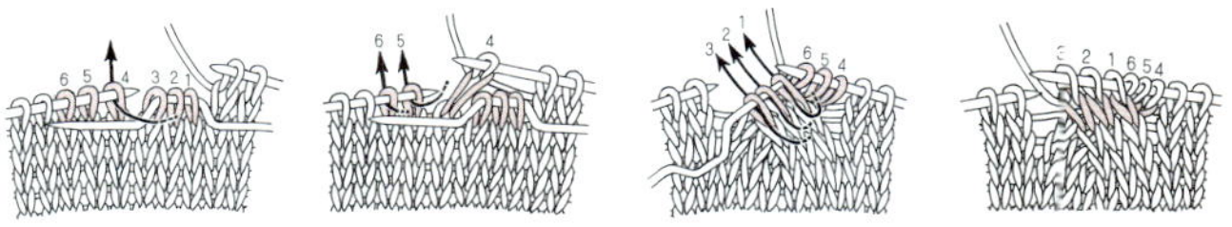

1 将左针上的 3 针移到其他针上，放置于织片前侧，暂时不织。然后针目 4 编织下针。

2 针目 5、6 同法编织下针。

3 按照箭头所示，将右针插入刚才移到其他针上未织的针目 1、2、3 中，分别编织下针。

4 右上 3 针交叉完成。

要点详解

№23 作品／p.37

装饰毛的整理方法

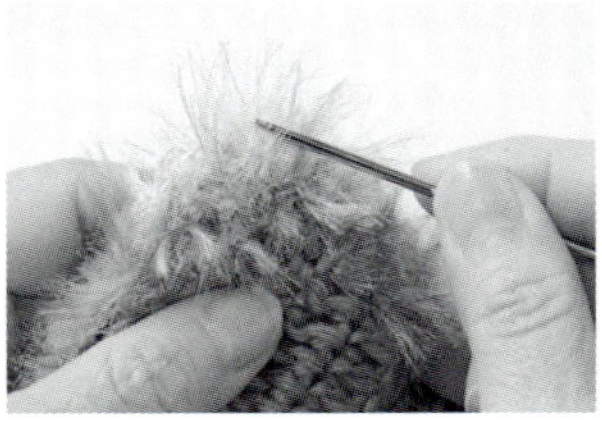

1 将要固定在边缘的装饰毛用缝衣针针尖理顺。

2 理顺后的装饰毛长短分布整齐，即完成整理。

№30 №31 作品／p.48，p.49

花边针目的挑针方法

从针目挑针时

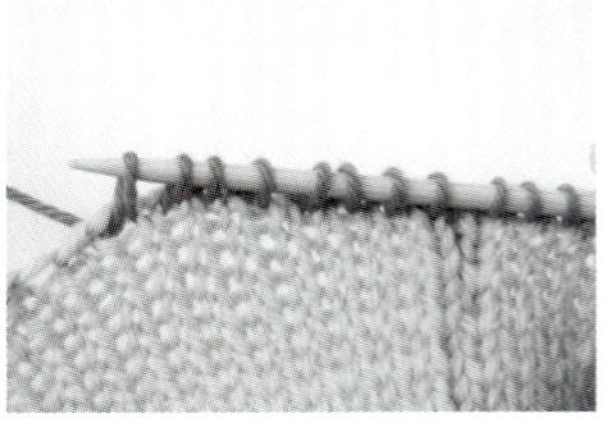

在1针的中间入针后将线引出，挑起1针。再根据作品指定针数挑针，注意平衡分布。

从织片行的部分挑针时

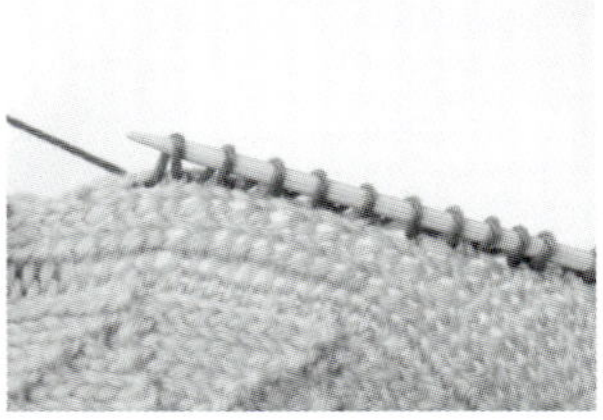

在边缘的第1针与第2针之间入针，再将线引出进行挑针。

№32 №33 作品／p.52，p.53

肩部的缝合方法（卷针缝连接）

1 将织片反面对齐叠合，将最后一行针目的2根横线逐针挑起后进行缝合。

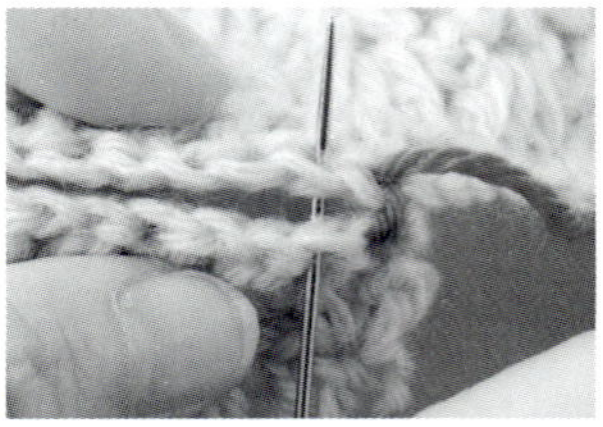

2 为了更加牢固，两端的针目各缝2次线。

3 从第2针开始，按照步骤1的要领仔细逐针挑针。注意不要露出针迹。

其他基础索引

作者简介

河合真弓

居住于东京都练马区。毕业于 Vogue（时尚）编织指导人员培训学校。曾在编织达人鸢乃映子主持的“鸢乃工作室”担任助手。现广泛活跃于各大女性杂志、相关编织杂志以及各大毛线制造商中。

著有《天然素材，绝对安心！手工编织婴儿织物》、《一周即可完成！河合真弓的钩针编织婴儿织物大全集》（小社刊）、《每日背包与帽子》（主妇之友社刊）、《钩针编织衣橱》、《一钩就上手！爱尔兰蕾丝造型》（日本 vogue 社刊）等。

●本书作品全部使用 HAMANAKA 公司所产手工手织线、amiami 手织针、装饰带。
关于材料、用具详情可咨询 HAMANAKA 株式会社。
京都本社
邮编 616-8585 京都市右京区花园薮下町 2 番地 3　电话 075-463-5151（代）
东京分店
邮编 103-0007 东京都中央区日本桥浜町 1 丁目 11 番 10 号　电话 03-3864-5151（代）
官网 http://www.hamanaka.co.jp

●在要点详解的图片中，为了让读者看得更加直观，有时会特意更换线的粗细和颜色。
●书中所呈现的线的颜色与所示色号可能存在色差。
●本书有关问题请咨询 E&G CREATES。
电话 0422-55-5460　时间 13:00 ~ 17:00（周六、周日及节假日除外）
电子信箱 eg@eandgcreates.com
官网 http://eandgcreates.com